# KATZEN-WAHNSINN ZUM MITLACHEN

Lustige Fakten, verrückte
Annekdoten & wertvolle Tipps
zur Katzenhaltung

SINA POLLOK

# INHALT

**Hinweis:**

*In meinem Buch werden einige Tipps, Ratschläge oder zusätzliches Wissen vermittelt. Diese Informationen basieren auf sorgfältiger Recherche und Erfahrungen, können jedoch keine individuelle Beratung durch Experten wie Tierärzte, Fachberater oder andere Spezialisten ersetzen. Bitte bedenke, dass jede Situation einzigartig ist und du im Zweifelsfall professionelle Hilfe in Anspruch nehmen solltest, um die besten Entscheidungen für dich und deine Tiere treffen zu können.*

# 6 KATZEN UND ICH - WIE ALLES BEGANN

Hi, ich bin Sina. Bevor du dieses Buch voller wichtiger Katzenthemen und lustiger Anekdoten lesen wirst, möchte ich mich zunächst vorstellen. Im Anschluss werden meine Katzen etwas übereinander erzählen. Viele kennen mich durch Instagram, TikTok und/oder YouTube, wo ich täglich tolle Videos und Fotos meiner sechs Fellkinder poste. Ja, richtig, ich bin die mit den sechs Katzen. Sechs Katzen in verschiedenen Farben.

Diese sechs pelzigen Persönlichkeiten haben mein Leben auf so viele Arten bereichert. Es begann alles vor acht Jahren, als ich beschloss, mir meine erste Katze zuzulegen. Damals hatte ich keine Ahnung, dass diese Entscheidung mein Leben so stark beeinflussen würde.

Ich wurde am 27. Mai 1998 geboren und hatte vorher nie Katzen. Meine Eltern erlaubten keinen Hund, also entschied ich mich heimlich für eine Katze und kaufte Simba. Ich war damals 19 Jahre alt und machte mir keine Gedanken über die Anschaffung, die Kosten oder meine Unerfahrenheit in Bezug auf die Fütterung und Pflege eines Haustiers. So machte ich einiges an Fehlern – und was ich daraus gelernt habe, möchte ich dir gern weitergeben.

Zum Beispiel erkannte ich sehr schnell, dass Simba Katzengesellschaft fehlte, also entschied ich mich schon nach sehr kurzer Zeit, ihm eine Gefährtin zu holen. Ich las Bücher über Katzenhaltung und -pflege, sowohl zur Aufklärung als auch zum Schmunzeln, und holte Amy dazu.

Meine Entscheidung, eine neue Katze in mein Leben zu holen, war auch wieder ein kleines Geheimnis, denn meine Mutter war anfangs nicht besonders begeistert von meiner

Liebe zu Katzen. Nur mein Vater und meine Schwester wussten von meinem Wunsch, noch eine weitere Katze zu holen.

Ich war damals, im Jahr 2017, noch in meiner Ausbildung zur Groß- und Außenhandelskauffrau. Nebenbei begann ich, viele Fotos von Simba und Amy zu machen. Da ich die Bilder nicht nur auf meinem Handy speichern wollte, fing ich an, sie aus Spaß bei Instagram zu posten. Zu meiner Überraschung wuchs die Anzahl der Follower stetig an – genauso wie die Zahl meiner Katzen. Ich eignete mir alles über Fotografie selbst an und kaufte mir eine professionelle Kamera. Anfangs zeigte ich nur die Katzen, nicht mich selbst. Das änderte sich erst 2019, als ich anfing, erste Kooperationen einzugehen und hobbymäßig etwas Geld damit zu verdienen.

2019 entschied ich mich auch, nochmal einen anderen Berufsweg einzuschlagen, und zwar als Serviceassistentin in einem Autohaus. Dort wurde ich allerdings aufgrund von Corona im Jahr 2021 entlassen. Ich bewarb mich eine kurze Zeit lang auf weitere Stellen, aber da kam nichts in Frage. Anschließend nahm ich all meinen Mut zusammen und machte mich noch im selben Jahr mit meinem Katzenaccount selbstständig.

Zunächst lebte ich noch in einer Wohnung bei meinen Eltern, aber im März 2023 zogen mein Verlobter und ich zusammen in unser erstes gemeinsames Haus, das wir uns gekauft hatten. Hier haben unsere Katzen viel Platz zum Spielen und Toben und ich könnte nicht glücklicher sein.

An dieser Stelle übergebe ich das Wort an meine Samtpfoten.

Amy: „Ich bin Amy, Sinas zweite Katze. Heute möchte ich dir Simba vorstellen. Er war der Erste, der bei Sina einziehen durfte, weshalb er sich wahrscheinlich wie der Chef im Haus fühlt. Simba wurde am 22. April 2017 geboren. Er ist Sinas erste Katze überhaupt gewesen. Mit seinem auffälligen blauen Fell und seinem Gewicht von sieben Kilo ist er ein kleines Dickerchen mit einer großen Persönlichkeit. Simba ist typisch ‚Garfield' – er bewegt sich nicht gerne und bevorzugt es, gemütlich zu liegen und zu schlafen. Doch trotz seiner Bequemlichkeit ist er ein wahrer Schmusekater und genießt es, seine Zeit auf Sinas Kopf zu verbringen. Kein Wunder, dass er vor nicht allzu langer Zeit sogar 7,6 Kilo gewogen hat. Doch durch seine Erkrankung musste Simba abnehmen, und muss er immer noch. Alles andere würde seine Knochen und Gelenke zu sehr belasten.

Simba hat eine Vorliebe für Leckereien und überhaupt für Essen, und er frisst alles, was ihm schmeckt. Seine Liebe und Zuneigung zu Sina zeigt er gerne durch Milchtritte. Auf ihrem Kopf schläft er manchmal ein. Da Zoey nun aber in der oberen Etage schläft und wohnt, kann er das nicht mehr so oft, was ihn schon etwas sauer macht. Wenn Sina sich auf der Couch ausruht, ist Simba aber wieder sehr glücklich, denn dann kann er wieder auf ihrem Kopf schlafen und seine Krallen beim Milchtreten in ihr Haar und oft auch in ihren Kopf drücken. Bestimmt ist Sina darüber nicht immer so glücklich.

Sein Verhalten ist sowieso ganz besonders, denn er liebt es, andere Katzen zu putzen – auch wenn die das nicht immer zu schätzen wissen. Er verfolgt Sina wie ein treuer Gefährte und zeigt oft, dass er der Chef im Haus ist. Doch Simba kann auch seine unangenehme Seite zeigen, besonders gegenüber anderen Katzen, denen er weniger wohlgesonnen ist, wie Hugo.

Trotz seiner kleinen Macken ist Simba ein intelligenter Kater, der gerne Schubladen öffnet und sich für Fotoshootings begeistern lässt. Seine Neugierde und Anpassungsfähigkeit machen ihn zu einem aufgeschlossenen Begleiter, der Sinas Leben um viele schöne Momente bereichert. Und auch

wenn er manchmal laut schnarcht, weiß Sina doch, dass er immer an ihrer Seite ist und sie mit seiner liebenswerten Art jeden Tag aufs Neue erfreut. Und noch etwas: Er kann hin und wieder sehr tollpatschig sein. Das liegt auch daran, dass er nicht so sportlich ist wie andere Katzen. Manchmal tritt er in seine eigenen Häufchen und verteilt diese im Haus. Ja, leider ist er dadurch nicht der sauberste Kater hier bei uns zu Hause."

Simba: „Wer stört mich beim Schlafen? Ach so, du bist es. Na gut, dann will ich dir mal Amy vorstellen, die zuerst in mein, ähm, unser Zuhause kam, gefolgt von vier weiteren Katzen. Sie ist eine besondere Dame – aber nur die Zweite im Bunde von Sinas Fellkindern, denn ich bin und bleibe der Erste. Ich soll es zwar nicht sagen, aber Amy ist eine wahre Diva und Zicke. Mit einem Gewicht von 4,9 Kilo ist sie zwar nicht die Größte, aber ihre Persönlichkeit gleicht das mehr als aus. Anders als ich ist sie wählerisch beim Essen und bevorzugt es, allein zu speisen, fernab von jeglichem Trubel. Sie zieht sich gerne zurück und mag es nicht, mit uns anderen Katzen zu spielen. Amy ist eine wahre Dramaqueen, die gerne Theater macht und dabei extrem laut schreien kann.

Trotz ihres eigenwilligen Charakters liebt sie es, Streicheleinheiten zu bekommen und ausgiebig zu schmusen. Besonders gern mag sie es, sich unter die Decke zu kuscheln, um dort ihre Ruhe zu genießen. Sie ist fotogen und Sina kann sie überall hinsetzen, um ein schönes

Bild zu machen. Und hier das größte Geheimnis, naja, eigentlich ist es ja auch keins, denn es ist sehr offensichtlich. Sie hat einen kleinen Hängebauch. Sina sagt immer, das ist eine Urwampe. Die bekam Amy aber erst nach ihrer Kastration.

**Achtung!** *Komm ihr nicht zu nahe und ärgere sie nicht. Wenn Amy sich bedroht fühlt, kann sie laut fauchen. Doch in ruhigen Momenten zeigt sie dann wieder ihre sanfte Seite und genießt es, Milchtritte auf weichen Decken zu geben, während sie laut schnurrt. Eines steht fest, Amy mag es, im Mittelpunkt zu stehen und ihre besondere Persönlichkeit zu zeigen. Übrigens: Diese schöne Diva wurde bereits am 27. Juni 2017 geboren."*

**Was ist eine Urwampe?**

*Eine Urwampe ist ein umgangssprachlicher Begriff, der meist scherzhaft oder liebevoll verwendet wird, um den schlaffen Hautlappen am Bauch von Katzen zu beschreiben. Diese Hautfalte wird auch als primordiale Bauchfalte (Englisch: primordial pouch) bezeichnet.*

**Wofür ist die Urwampe da?**

Die Urwampe hat tatsächlich wichtige Funktionen und ist kein Zeichen von Übergewicht:

① **Schutz:** Sie bietet empfindlichen Organen im Bauchbereich Schutz, insbesondere bei Kämpfen mit anderen Katzen.

② **Flexibilität:** Sie ermöglicht Katzen, sich beim Sprinten oder Springen besser zu dehnen.

③ **Polsterung:** Sie kann auch bei größeren Mahlzeiten helfen, da der Bauch dadurch etwas mehr Platz hat.

**Welche Katzen haben eine Urwampe?**

Fast alle Katzen haben eine Urwampe, aber die Ausprägung variiert je nach Alter, Rasse und individuellem Körperbau. Bei einigen Katzen ist sie deutlich sichtbar, bei anderen fast gar nicht. Besonders bei kastrierten Katzen oder älteren Tieren kann sie stärker ausgeprägt sein.

**Verwechslung mit Übergewicht**

Manche Menschen halten die Urwampe für ein Zeichen von Übergewicht. Der Unterschied ist jedoch, dass die Urwampe weich ist und sich hin- und herbewegt, während überflüssiges Fett fest und verteilt ist. Wenn du unsicher bist, ob deine Katze übergewichtig ist, solltest du das mit einem Tierarzt klären.

Milo: „Hi. Milo hier. Erlaube mir, dir die kleinste und leichteste Katze aus Sinas Fellfamilie vorzustellen. Sie heißt Zoey und wurde am 11. April 2020 geboren. Mit einem Gewicht von nur 3,9 Kilo ist sie zwar zierlich, aber ihre Persönlichkeit ist alles andere als unbedeutend. Im Gegensatz zu den typischen Merkmalen einer Britisch Kurzhaar ist sie äußerst eigen und wählerisch. Sie ist wie eine Prinzessin, die es bevorzugt, allein zu essen – ansonsten verweigert sie einfach das Futter.

Trotz ihrer mäkeligen Essgewohnheiten ist sie eine echte Schmusekatze, die gerne mit Menschen kommuniziert und miaut, um ihre Bedürfnisse auszudrücken. Sie ist überraschend sportlich und springt gerne hoch, um zu spielen. Allerdings ist sie auch schnell gestresst, besonders wenn es um laute Geräusche wie Handwerker geht oder wenn sie von den anderen Katzen geärgert wird, wie von Toffee und Hugo, die sie nicht so gern mag. In solchen Momenten neigt sie zum Markieren. Weil sie schon im ganzen Haus markiert hat, wohnt sie seither im oberen Stockwerk ganz allein. Sie kann aber jederzeit runter zu uns, wenn sie das möchte, nur wir dürfen nicht mehr hoch, damit die Prinzessin nicht gestresst wird. Seit dieser neuen Wohnsituation hat sie auch nicht mehr markiert und sie genießt es, mit Sina und ihrem Verlobten nachts allein im Bett zu schlafen, was uns schon ein bisschen ärgert.

Was noch dazukommt: Sie lässt sich überhaupt nicht gern fotografieren, da läuft sie sofort weg. Deswegen ist sie fast nie auf den Bildern oder in Videos von Sina zu sehen. Ihre Vorliebe ist es, im Laufrad zu laufen – ein Hobby, das sie sehr genießt und das ihre einzigartige Persönlichkeit unterstreicht. Sie hat sogar jetzt ihr eigenes Laufrad im oberen Stockwerk bekommen."

Zoey: „Ich bin Zoey und möchte dir gerne den Milo vorstellen. Milo wurde am 05.11.2017 geboren und ist ein besonders sportlicher Kater mit einem Gewicht von 5,3 Kilo. Seine großen grünen Augen machen ihn zu einem wahren Fotomodell, und er posiert gerne vor der Kamera. Doch trotz seiner sportlichen Aktivitäten ist Milo ein richtiger Vielfraß. Er ist sehr verfressen und möchte am liebsten auch das Essen von den Menschen probieren, obwohl er nicht alles vertragen kann und das ja auch für uns Katzen nicht gut ist.

Aufgrund seiner Bauchspeicheldrüseninsuffizienz muss Milo Futter mit wenig Fettanteil zu sich nehmen. Doch trotz dieser Einschränkung ist er ein sehr verträglicher Kater, der sich mit allen anderen Katzen super versteht.

Er spielt gerne, auch draußen, und genießt es zu kuscheln. Allerdings ist Milo manchmal eifersüchtig und möchte der Erste bei Sina sein. Wenn er schnurrt, fängt er an zu sabbern. Dabei hat er richtige Sabberfäden an den Mundwinkeln. Und er schnarcht laut im Schlaf, das sollte ich zwar nicht verraten, aber wer weiß, was er über mich gesagt hat.

Er findet neue und große Dinge oft gruselig und gerät in Panik. Um seine Nerven zu beruhigen, kratzt er gerne an Möbeln oder Stühlen. Und nun zu seinem größten Geheimnis: Er ist ein großer Meister, wenn es um das Klauen geht. Das liegt daran, dass er so verfressen ist, vor allem auch durch die Medikamente, die er bekommt. Egal wie hoch Sina die Leckerlis im Regal versteckt, er schafft es immer wieder, sie herunterzuholen und sogar die Tüte aufzureißen. Das hat aber auch etwas Gutes, denn Milo behält die Leckerlis nicht für sich allein, sondern teilt sie mit uns anderen. Trotzdem ist Milo eine liebevolle und treue Katze und schenkt Sina jeden Tag Freude."

Toffee: „Nein, ich bin keine Süßigkeit, die du essen kannst. Aber du kannst mich streicheln, sollten wir uns jemals begegnen. Doch nun genug von mir, denn ich möchte euch jemand ganz Besonderen vorstellen. Mein Kumpel Hugo wird dir später mehr über mich verraten. Jetzt stelle ich dir erst einmal ihn vor. Am 07. Mai 2021 kam Hugo in unser Leben. Er ist eine ganz besondere Katze, denn er ist zahn-

los aufgrund einer Viruserkrankung. Und auch wenn er keine Zähne hat, ist er der zweitschwerste von uns Katzen. Er bringt stolze sechs Kilo auf die Waage. Ja, das konnte ich auch nicht glauben, aber es ist tatsächlich die Wahrheit. Diese Viruserkrankung hat ihn aber auch ängstlich gemacht, besonders in neuen Situationen und in Gegenwart von fremden Männern reagiert er oft verängstigt. Wenn er sich unwohl fühlt, legt er seine Ohren zurück, aber trotzdem ist er kein großer Faucher oder Kratzer.

Er fürchtet sich zudem vor Simba, aber er spielt gerne mit mir. Hugo ist ein echter Kuschelkater und sucht besonders die Nähe zu Sina. Meistens ist er auf sie bezogen, und er zeigt seine Zuneigung, indem er gerne seinen Po in die Höhe hebt und Milchtritte gibt.

Was das Essen betrifft, ist Hugo trotz der fehlenden Zähne ein wahrer Feinschmecker, der gerne und viel frisst, manchmal sogar zu hastig, was dann zum Kotzen führt. Ich verrate dir an dieser Stelle, dass er dabei nicht der Einzige ist. Auf Fotos zieht er immer eine ganz süße Schnute, und sein dickes Gesicht verleiht ihm oft das Aussehen eines Bären. Sein größtes Geheimnis, von dem er denkt, dass es keiner weiß: Er hat eine besondere Vorliebe für Amy und sucht oft ihre Nähe."

Hugo: „Na, endlich komme auch ich zu Wort. Ich darf dir nun Toffee vorstellen. Am 11. März 2021 kam unser kleiner Frechdachs Toffee auf die Welt. Er ist einer der Jüngsten im Bunde, aber mit seinen fünf Kilo schon ein statt-

licher Kater. Toffee ist ein echter Spieler und bringt den Ball wie ein Hund zurück, eine Fähigkeit, die ihn zu einem beliebten Spielkameraden macht. Er ist mein bester Freund und versteht sich aber auch gut mit allen Katzen im Haus, außer Zoey. Die mögen wir beide nicht so gern, weil sie immer eine Extrawurscht bekommt.

Toffee ist ein echter Abenteurer und begleitet Sina überallhin. Er hat jedoch eine Vorliebe dafür, an Hosen zu kratzen – ein Verhalten, das er gerne auch bei Gästen zeigt. Wenn er vor Freude oder Hunger aufgeregt ist, zittert sein Schwanz. Eine seiner Leidenschaften ist das Laufrad. Nach jedem Essen geht er immer zum Laufrad und tobt sich aus. Ich kann das gar nicht verstehen. Wenn mein Magen voll ist, will ich eigentlich nur noch entspannen. Ich will euch hier jetzt nicht zu viel verraten, denn Sina hat mir berichtet, dass sie noch ein paar witzige Anekdoten von uns einbauen möchte. Bevor ich etwas vorwegnehme, verrate ich euch nur, dass dabei noch etwas in meinen Augen Witziges passiert.

Toffee spielt übrigens gerne draußen. Zudem ist er auch ein Fotomodell und posiert gerne vor der Kamera. Wenn es ums Essen geht, schlingt er sein Futter schnell hinunter, was leider oft dazu führt, dass er danach kotzt. Ja, das verbindet uns wohl noch ein bisschen mehr. Toffee ist ein lebhafter und liebenswerter Kater. Ich bin froh, dass es ihn gibt."

# EIN ERNSTES WORT VORAB: WORAUF MUSST DU BEI DER KATZENANSCHAFFUNG ACHTEN?

Als ich Simba kaufte, hatte ich keine Ahnung, was einen guten Züchter ausmacht und worauf man beim Kauf einer Katze achten muss. Leider stammt Simba aus einer unseriösen Zucht – das wusste ich aber eben nicht. Heute würde ich mich natürlich vorab genau informieren. Simba ist ein Scottish Straight, was bedeutet, dass sein Vater ein Scottish Fold – eine Qualzucht – ist. Seine Mutter war eine Britisch Kurzhaar. Das Problem: Qualzuchten leiden sehr oft an schwerwiegenden Erbkrankheiten. So haben Scottish Straights aufgrund ihrer Abstammung vom Scottish Fold ein erhöhtes Risiko für Herzerkrankungen, Gelenkprobleme und weitere Krankheiten.

Meine anderen fünf Katzen sind Britisch Kurzhaar und ich habe sie von einem seriösen Züchter gekauft. Oft ernte ich genau deshalb Kritik – weil ich Katzen vom Züchter habe, statt aus dem Tierheim. Ich finde jedoch, beides ist gut und sinnvoll.

Mir ist wichtig, dass Züchter und ihre Schützlinge erhalten bleiben, denn ohne sie gäbe es weder Rassekatzen noch Katzen für Menschen, die eine Allergie haben.

Doch auch wenn ich selbst keine Tierheimkatzen habe, mache ich für Samtpfoten aus dem Tierheim Werbung und spende regelmäßig.

Wichtig ist, keine Qualzucht zu kaufen – sitzt eine solche Katze aber im Tierheim, kannst du ihr gern ein Zuhause schenken, vorausgesetzt du bist dir der großen Herausforderungen bewusst.

Schön, aber krank: Diese Katzenrassen sind Qualzuchten

Manche Katzenrassen begeistern durch ihr außergewöhnliches Aussehen – ob flaches Gesicht, kurze Beine oder gefaltete Ohren. Doch leider gehen diese äußerlichen Merkmale oft mit gesundheitlichen Problemen einher. Was viele nicht wissen: Manche dieser Züchtungen können ernsthafte Leiden für die Tiere bedeuten und werden unter dem Begriff Qualzucht kritisch diskutiert. Hier ein Überblick über einige besonders betroffene Rassen:

## Perserkatzen

**Erkennungsmerkmal:** Das auffällig flache Gesicht und die kurze, fast eingedrückte Nase.

**Gesundheitliche Probleme:** Diese Form des Schädels wird als „brachyzephal" bezeichnet. Sie kann bei Perserkatzen zu schweren Atembeschwerden führen, da die Nasengänge stark verengt sind. Viele Tiere schnarchen, bekommen schlecht Luft oder entwickeln sogar eine Art Schlafapnoe – also Atemaussetzer im Schlaf. Auch tränende Augen und Zahnprobleme sind häufig.

## Scottish Fold

**Erkennungsmerkmal:** Die nach vorne gefalteten kleinen Öhrchen machen sie besonders beliebt.

**Tipp:** *Auch wenn Scottish Fold im Aussehen fast identisch mit Bristisch-Kurzhaar-Katzen sind, so handelt es sich hier dennoch um zwei verschiedene Katzenrassen. Das Hauptmerkmal der Scottish Fold sind die geknickten Ohren. Daran kann man beide Rassen wunderbar unterscheiden.*
*Wenn du eine Britisch Kurzhaar kaufen möchtest, schau dir daher unbedingt die Ohren an. Es gibt leider viele Züchter, die das Unwissen der Menschen ausnutzen und anstatt der Britisch Kurzhaar eine Scottish Fold verkaufen.*

**Gesundheitliche Probleme:** Die gefalteten Ohren entstehen durch eine genetisch bedingte Knorpelveränderung, die nicht nur die Ohren, sondern den gesamten Bewegungsapparat betrifft. Die betroffenen Katzen leiden dadurch an schweren Einschränkungen.

**Die folgenden Erkrankungen treten oft oder teils sogar immer bei der Scottish Fold auf:**

- **Osteochondrodysplasie:** Diese genetische Erkrankung betrifft die Knorpel- und Knochenentwicklung und führt zu schmerzhaften Gelenkproblemen, Bewegungsstörungen sowie missgebildeten Gelenken und Knochen. Betroffene Katzen zeigen oft Schwierigkeiten beim Gehen und eine steife Haltung. Achtung: Es gibt keine Scottish-Fold-Katze, die diese Erkrankung nicht hat! Alle Katzen dieser Rasse haben diese Erkrankung. Manche haben wenig, aber viele leider starke Schmerzen. Das finde ich sehr wichtig zu wissen und rate dir vom Kauf einer solchen Katze ab. Wer aber dennoch eine Scottish Fold haben möchte, kann im Tierheim schauen. So werden Vermehrer nicht unterstützt und man hilft dabei, diese Zucht einzugrenzen.

- **Arthritis:** Viele Scottish Folds entwickeln aufgrund genetischer Anfälligkeit im Laufe ihres Lebens Arthritis, was zu Gelenkschmerzen und Bewegungseinschränkungen führt.

- **Polyzystische Nierenerkrankung (PKD):** Diese Erkrankung, die auch bei Scottish Folds vorkommen kann, führt zur Bildung von Nierenzysten und kann schließlich zu Nierenversagen führen.

- **Herzerkrankungen:** Einige Scottish Folds neigen zu hypertropher Kardiomyopathie (HCM), bei der die Herzwand verdickt ist und die Herzfunktion beeinträchtigt wird.

- **Ohrinfektionen:** Aufgrund ihrer gefalteten Ohren sind Scottish Folds anfälliger für Ohrinfektionen, da die Falten die Belüftung des Ohres beeinträchtigen und sich Feuchtigkeit sowie Schmutz ansammeln können.

- **Verdickte Pfoten und dicker Schwanz:** Bei Scottish Folds kann es neben den bekannten Gelenkproblemen auch zu verdickten Pfoten und einem dickeren Schwanz kommen. Dies sind häufig Folgen von abnormaler Knochen- und Knorpelbildung, die durch OCD verursacht wird. Bei betroffenen Katzen können sich die Gelenke nicht normal entwickeln, was zu einer steifen, verhärteten Struktur führt. Das kann sowohl an den Pfoten als auch am Schwanz auftreten, wodurch die Beweglichkeit der Katze stark eingeschränkt wird. Besonders der dickere Schwanz zeigt oft versteifte Gelenke, die die Katze in ihrer Bewegungsfreiheit beeinträchtigen.

**Gut zu wissen:**

**Bei schmerzhaften Gelenkproblemen, wie sie durch OCD verursacht werden, können Katzen manchmal in der sogenannten „Buddha-Position" sitzen:** die Hinterbeine sind seitlich ausgestreckt, die Vorderbeine ruhen vor dem Körper. Diese Haltung kann eine natürliche Reaktion auf die Schmerzen sein, die durch die Gelenkprobleme verursacht werden, und dient als eine Art Selbstheilung, um die Bewegungsfreiheit zu verbessern und den Druck auf die betroffenen Stellen zu reduzieren. Es ist wichtig, diese Verhaltensweisen zu erkennen, um die Katze zu unterstützen und gegebenenfalls eine tierärztliche Behandlung zu suchen, die den Schmerz lindern kann.

**Vorsorge und Pflege**

Eine regelmäßige tierärztliche Untersuchung – generell bei Katzen, aber insbesondere bei Scottish Folds – kann dabei helfen, frühe Anzeichen von Gelenkproblemen oder Knochenveränderungen zu identifizieren. Mit der richtigen Pflege und möglicherweise unterstützender Therapie lassen sich Schmerzen lindern und die Lebensqualität der Katze verbessern. Es gibt zudem die Möglichkeit, dass die Katzen monatlich eine Spritze zur Schmerzlinderung bekommen. Eine ausgewogene Ernährung, ausreichend Bewegung und geeignete Pflegemaßnahmen, insbesondere die Reinigung der Ohren, sind ebenfalls wichtig, um das Wohlbefinden der Katze zu fördern.

## Munchkin

**Erkennungsmerkmal:** Die extrem kurzen Beine, die durch eine gezielte Zucht auf Zwergwuchs entstanden sind.

**Gesundheitliche Probleme:** Die unnatürlich verkürzten Gliedmaßen schränken das Tier stark in seiner Bewegungsfreiheit ein. Munchkins können oft nicht richtig springen oder klettern – ein natürliches Verhalten für Katzen, das ihnen hier durch die Zucht genommen wurde. Auch Wirbelsäulen- und Gelenkprobleme treten häufig auf, was zu dauerhaften Schmerzen führen kann.

**Ein besonders trauriger Aspekt:** Bei der Verpaarung zweier Munchkin-Katzen kommt es häufig zu Totgeburten oder sterbenden Babys kurz nach der Geburt. Der Grund liegt in der Vererbung des Gendefekts: Erbt ein Kitten das betroffene Gen von beiden Elternteilen, führt das meist zu schweren Fehlbildungen, die nicht überlebensfähig sind.

Daher ist die Zucht dieser Katzen hoch umstritten – zum Schutz der Tiere sollte ihr Wohl immer über optische Merkmale gestellt werden.

## Sphynx

**Erkennungsmerkmal:** Völlige Haarlosigkeit und eine ausgeprägte muskulöse Statur.

**Gesundheitliche Probleme:** Die fehlende Behaarung hat weitreichende Konsequenzen: Sphynx-Katzen neigen zu Hautinfektionen, brauchen spezielle Pflege und sind anfälliger für Temperaturschwankungen. Zudem kann es zu genetisch bedingten Herzkrankheiten wie der hypertrophen Kardiomyopathie kommen.

**Wichtig zu wissen:** Nicht jede Sphynx-Katze gilt automatisch als Qualzucht – aber sobald sie keine Schnurrhaare besitzt, wird dies tierschutzrechtlich als schwerer Mangel gewertet. Schnurrhaare sind für Katzen ein wichtiges Tastorgan – fehlen sie, fehlt ihnen ein zentrales Sinneswerkzeug.

**Warum die Schnurrhaare von Katzen so wichtig sind:**

- **Navigation und Orientierung:** Schnurrhaare sind hochsensible Tastorgane. Sie können feine Vibrationen und Bewegungen in ihrer Umgebung wahrnehmen, die dem Tier helfen, sich zu orientieren, besonders in dunklen oder engen Räumen. Das ist wichtig für Katzen, da sie von Natur aus dämmerungsaktive Tiere sind und häufig in engen, komplexen Umgebungen jagen.

- **Abstandserkennung:** Die Schnurrhaare helfen einer Katze dabei, die Größe und den Abstand von Objekten oder Hindernissen in ihrer Nähe abzuschätzen. Sie reagieren auf den Luftstrom und die Bewegungen der Umgebung und geben der Katze so eine „gefühlte" Vorstellung von ihrer Umgebung, ohne dass sie alles direkt sehen muss.

- **Erkennen von Beutetieren:** Schnurrhaare helfen Katzen auch bei der Jagd, indem sie Bewegungen ihrer Beute genau wahrnehmen, selbst wenn diese sich nur minimal bewegt. Sie können so die Position und die Bewegungsrichtung eines Tieres feststellen.

- **Kommunikation und soziale Interaktion:** Katzen nutzen ihre Schnurrhaare auch, um sich mit Artgenossen oder anderen Lebewesen zu verständigen. Sie können ihre Schnurrhaare in verschiedene Richtungen bewegen, um ihre Stimmung zu zeigen, z. B. beim Annähern an ein anderes Tier oder bei der Reaktion auf Gefahr.

- **Gefühl für ihre Umgebung:** Schnurrhaare können die Texturen der Oberflächen erkennen, auf denen eine Katze geht oder sitzt. Dies gibt der Katze eine detaillierte Wahrnehmung ihrer physischen Umgebung.

## Manx-Katze – die schwanzlose Katze

**Erkennungsmerkmal:** Die Manx, die ursprünglich von der Isle of Man (zwischen England und Irland) stammt, ist für ihr fehlendes oder stark verkürztes Schwänzchen bekannt. Je nach Ausprägung spricht man von:

- **Rumpy:** ganz ohne Schwanz
- **Rumpy Riser:** ein kleiner Stummel ist spürbar
- **Stumpy:** sichtbarer kurzer Schwanz
- **Longy:** fast normaler Schwanz, aber kürzer als bei anderen Katzenrassen

**Gesundheitliche Probleme:** Das Fehlen des Schwanzes beruht auf einem genetischen Defekt, der leider nicht nur die Schwanzbildung beeinflusst, sondern auch die Wirbelsäule. Besonders bei reinerbigen Tieren kann es zu schwerwiegenden Fehlbildungen der Wirbelsäule und des Nervensystems kommen – dem sogenannten Manx-Syndrom. Es führt zu Inkontinenz, Lähmungen und Schmerzen und ist häufig nicht mit dem Leben vereinbar.

Deshalb ist auch die Zucht der Manx-Katze – ähnlich wie bei Munchkin oder Scottish Fold – tierschutzrechtlich sehr umstritten.

**Merke:** *So unterschiedlich diese Rassen auch aussehen – ihnen allen ist gemeinsam, dass ihre äußerlichen Merkmale mit gesundheitlichen Belastungen verbunden sein können. Als Tierfreund lohnt es sich, beim Thema Rassekatzen genau hinzuschauen, sich verantwortungsbewusst zu informieren und vor allem: das Wohl der Tiere über modische Trends zu stellen.*

## Hilfe für die Tiere auf Sansibar – ein Urlaub mit Folgen

Manchmal gibt es Momente im Leben, die alles verändern. Für mich war es ein sonniger Nachmittag während meines Urlaubs auf Sansibar – und eine kleine verletzte Katze, die mir nicht mehr aus dem Kopf ging.

Ich war gerade im Hotel angekommen, voller Vorfreude auf ein paar erholsame Tage, als ich sie zum ersten Mal sah: mager, zitternd, mit einigen Wunden. Sie humpelte durch den Hotelgarten, suchte offenbar nach Futter – oder vielleicht einfach nur nach einem sicheren Ort. Ihr Blick war leer, erschöpft. Und doch lag darin etwas unendlich Starkes, das mich berührte.

Als Katzenbesitzerin zog sich mir sofort das Herz zusammen. Ich wusste: Ich muss ihr helfen. Ich konnte sie nicht einfach ihrem Schicksal überlassen.

Also begann ich herumzufragen. Ich telefonierte, schrieb Nachrichten, fragte Einheimische – doch die medizinische Versorgung für Tiere auf der Insel ist stark begrenzt. Ich kontaktierte mehrere Tierärzte, oft ohne Antwort. Bis ich schließlich auf die Website von Zanzibar Animal Care *(https://zanzibaranimalcare.com/)* stieß – eine mobile Tierarztpraxis, die Hausbesuche macht und dort hilft, wo es am dringendsten ist.

Ich schilderte ihnen die Lage, schickte Fotos – und war zutiefst beeindruckt, wie schnell und mitfühlend sie reagierten. Bereits am nächsten Tag kam jemand aus dem Team, um die verletzte Katze einzufangen und medizinisch zu versorgen.

Doch es war schwieriger als gedacht: Die Katze hatte panische Angst. Mehrmals versuchte man, sie in die Transportbox zu setzen, doch sie wehrte sich verzweifelt. Sie wollte nicht mehr vertrauen. Und meine Abreise rückte näher.

Ich war innerlich zerrissen. So gern wäre ich da geblieben, um weiter zu helfen. Die Mitarbeiter des Hotels versprachen mir, sich weiter um die Katze zu kümmern und den Kontakt zu den Tierärzten zu halten. Ich musste loslassen – mit schwerem Herzen und der Hoffnung, dass sie es schaffen würde.

In diesen Tagen lernte ich auch den Tierarzt von Zanzibar Animal Care  persönlich kennen. Ein Mensch mit unglaublichem Herzen, der mir von seinem Traum erzählte: ein eigenes Tierheim auf Sansibar zu errichten. Einen Ort, an dem verletzte, ausgesetzte und kranke Tiere dauerhaft Schutz finden können. Wo sie nicht nur behandelt, sondern auch geliebt und umsorgt werden.

Seine Worte ließen mich nicht mehr los.

Noch im Urlaub startete ich einen Spendenaufruf auf meiner Instagram-Seite. Ich wusste nicht, was passieren würde – aber das Echo war überwältigend. Innerhalb kürzester Zeit kam eine große Summe zusammen. So groß, dass ein Grundstück gekauft und mit dem Bau des Tierheims begonnen werden konnte. Das Grundgerüst steht mittlerweile – ein kleiner Ort voller Hoffnung nimmt Form an.

Doch das ist erst der Anfang. Es fehlt noch viel: Ausstattung, medizinisches Material, sichere Unterkünfte für die Tiere, Personal, Futter – alles, was ein Tierheim braucht, um wirklich Leben retten zu können.

Diese Erfahrung hat mich verändert. Und deshalb gehe ich jetzt noch einen Schritt weiter: Ich bin gerade dabei, meinen eigenen Verein zu gründen – Rescue Paws of Sansibar. Noch bin ich ganz am Anfang, aber mein Ziel ist klar: Ich möchte langfristig helfen. Nachhaltig. Mit Herz, Verstand und einem starken Netzwerk im Rücken.

In meinen Instagram-Highlights findest du weiterhin den Spendenlink. Jeder Euro zählt. Jeder Beitrag hilft, eine Stimme für die Tiere zu sein, die sonst keine haben.

Und es gibt noch eine weitere Möglichkeit, die Arbeit von Zanzibar Animal Care zu unterstützen: Mit jedem gekauften Buch aus meiner Reihe wird automatisch 1 Euro an das Tierheim-Projekt auf Sansibar gespendet.

So kannst du beim Lesen doppelt Gutes tun – für dich selbst und für all die Vierbeiner auf der Insel, die auf unsere Hilfe angewiesen sind.

Lass uns gemeinsam etwas bewegen. Für eine bessere Zukunft – Pfote für Pfote.

## Interview: „Miau-Talk mit Simba" – Kater Simba spricht mit einem Experten über Züchter und Vermehrer

Simba: „Hi, hier ist Simba. Ich habe mich zusammen mit Sina lange mit dem Thema Züchter und Vermehrer beschäftigt. Dabei kam mir der Gedanke, dass einige Leser dieses Buches vielleicht gar nicht wissen, was ein Vermehrer ist, und daher habe ich einen Experten eingeladen. Von ihm möchte ich wissen: Woran erkennt man einen seriösen Züchter, und wie unterscheidet man ihn von einem Vermehrer? Hallo und herzlich willkommen, Experte!"

Experte: „Hallo Simba, danke für die Einladung. Es ist großartig, dass du dieses wichtige Thema ansprichst, denn es gibt viele Missverständnisse darüber."

Simba: „Was genau ist der Unterschied zwischen einem Züchter und einem Vermehrer?"

Experte: „Der Unterschied liegt vor allem in der Motivation und den Haltungsbedingungen. Ein seriöser Züchter legt Wert auf die Gesundheit, das Wohlbefinden und die rassetypischen Merkmale der Katzen. Er züchtet kontrolliert, mit viel Fachwissen und im Rahmen eines anerkannten Vereins. Ein Vermehrer hingegen hat oft nur die finanzielle Gewinnabsicht im Blick. Die Tiere werden meist unter schlechten Bedingungen gehalten, ohne Rücksicht auf ihre Gesundheit oder artgerechte Haltung."

Simba: „Das klingt ja furchtbar! Aber wie erkennt man denn einen guten Züchter? Gibt es eindeutige Merkmale?"

Experte: „Ja, Simba. Ein seriöser Züchter lässt die Katzen in einem liebevollen und sauberen Umfeld aufwachsen. Er legt großen Wert auf die Gesundheit der Elterntiere und führt entsprechende Tests durch, etwa auf Erbkrankheiten. Außerdem gehört er einem Zuchtverband an, der strenge Richtlinien vorgibt. Er interessiert sich für die zukünftigen Besitzer, stellt viele Fragen und gibt die Tiere nicht an jeden. Und, ganz wichtig: Er gibt die Kätzchen frühestens mit zwölf Wochen ab, da sie vorher die sozialen Erfahrungen mit Mutter und Geschwistern brauchen."

Simba: „Das sind viele Punkte! Und wie sieht es bei einem Vermehrer aus? Gibt es dort Anzeichen, auf die man achten kann?"

Experte: „Ja, bei Vermehrern gibt es oft Warnsignale. Die Tiere werden über Anzeigen auf Plattformen zu Schleuderpreisen angeboten und es gibt keine oder nur wenig Auskunft über die Elterntiere. Der Vermehrer möchte die Tiere schnell loswerden, ohne sich groß für die neuen Besitzer zu interessieren. Die Tiere sind oft zu jung, krank oder wirken verängstigt, und es gibt keinen Nachweis über Impfungen, Gesundheitschecks oder Stammbaum."

Simba: „Verstehe. Aber warum kaufen Menschen überhaupt bei Vermehrern, wenn das so schlecht für die Katzen ist?"

Experte: „Oft wissen die Käufer nicht, was hinter den Kulissen passiert. Sie sehen nur die süßen Kätzchen und merken nicht, dass sie eine grausame Industrie unterstützen.

Manchmal spielt auch der niedrigere Preis eine Rolle, aber die späteren Kosten für Tierarztbesuche übersteigen oft die Ersparnis."

Simba: „Das sollte wirklich jeder wissen! Was würdest du unseren Lesern raten, die sich ein Kätzchen anschaffen wollen?"

Experte: „Nehmt euch Zeit, recherchiert gründlich und besucht den Züchter persönlich. Achtet darauf, wie die Tiere leben, und lasst euch die Papiere zeigen. Alternativ könnt ihr auch im Tierheim nach einer Katze suchen – dort warten viele Tiere auf ein liebevolles Zuhause."

Simba: „Danke für die wertvollen Tipps. Jetzt wissen unsere Leser, worauf sie achten müssen, wenn sie sich eine Katze kaufen wollen. Bleibt aufmerksam und tierlieb – euer Simba!"

**Wichtig!** *Auch Rassekatzen, die keine Qualzucht sind, können krank werden. Das sollte man sich vor der Anschaffung bewusst machen. Neben Infektionskrankheiten können auch bei seriös gezüchteten Rassekatzen erbliche Erkrankungen auftreten – je nach Rasse und Zuchtlinie.*

# Checkliste:

# Kauf einer Katze beim Züchter

## ① Züchter-Recherche

- ☐ Ist der Züchter in einer anerkannten Zuchtgemeinschaft oder -organisation registriert?
- ☐ Hat der Züchter eine positive Reputation? Gibt es Empfehlungen oder Bewertungen von anderen Käufern?
- ☐ Hat der Züchter eine Website? (Dort sieht man die letzten Würfe und auch die Elterntiere.)

## ② Zuchtrichtlinien

- ☐ Welche Zuchtziele verfolgt der Züchter? Achte darauf, dass der Fokus auf Gesundheit, Temperament und Rassestandards liegt.
- ☐ Werden ethische Zuchtpraktiken eingehalten?

## ③ Gesundheitsnachweise

- ☐ Liegen aktuelle Gesundheitsuntersuchungen und Impfungen der Elterntiere vor?
- ☐ Wurden die Elterntiere auf genetische Krankheiten getestet? (z. B. für rassespezifische Erkrankungen)

## ④ Besuch vor Ort

- ☐ Hast du die Möglichkeit, den Züchter und die Umgebung zu besuchen? Achte auf Sauberkeit und das Wohlbefinden der Katzen.
- ☐ Wie werden die Zuchtkatzen gehalten? Haben sie genügend Platz, Spielmöglichkeiten und Rückzugsmöglichkeiten?

## ⑤ Sozialisation der Kätzchen

- ☐ Werden die Kätzchen in einer familiären Umgebung aufgezogen?
- ☐ Sind sie an alltägliche Geräusche und Menschen gewöhnt?
- ☐ Bekommst du Informationen zur Sozialisation der Kätzchen?

## ⑥ Papiere und Stammbäume

- ☐ Erhältst du einen Stammbaum für die Katze? Ist er vollständig und nachvollziehbar?
- ☐ Bekommst du einen Kaufvertrag, in dem alle wichtigen Informationen festgehalten sind?

## ⑦ Fragen an den Züchter

- ❑ Stelle Fragen zur Herkunft der Katze, den Elterntieren und deren Temperament.
- ❑ Informiere dich über die Fütterung und Pflege der Kätzchen.

## ⑧ Nachbetreuung

- ❑ Bietet der Züchter eine Nachbetreuung an? Gibt es eine Möglichkeit, ihn bei Fragen oder Problemen zu kontaktieren?
- ❑ Wird Unterstützung bei der Eingewöhnung der Katze in das neue Zuhause angeboten?

## ⑨ Vertrag und Garantie

- ❑ Gibt es einen schriftlichen Vertrag, der die Kaufbedingungen und mögliche Rückgaberechte regelt?
- ❑ Gibt es eine Gesundheitsgarantie für die Katze?

## ⑩ Ethische Überlegungen

- ❑ Fühlt sich der Züchter in Bezug auf die Abgabe der Kätzchen verantwortungsbewusst?
- ❑ Wirst du dazu ermutigt, die Katze zu einem späteren Zeitpunkt zurückzubringen, falls nötig?

## Was ist sonst noch wichtig bei der Auswahl deiner Katze?

Die Entscheidung für eine Katze sollte gut überlegt sein, denn jede Katze bringt eigene Bedürfnisse, Charakterzüge und Anforderungen mit sich. Dabei spielen nicht nur die Rasse, sondern auch deine Lebensumstände, Erfahrung und persönlichen Vorlieben eine Rolle.

### ① Wohnsituation

Lebst du in einer kleinen Stadtwohnung oder in einem Haus mit Garten? Aktive Rassen wie Bengalkatzen oder Abessinier brauchen viel Platz und geistige Anregung – sie langweilen sich schnell und entwickeln sonst Verhaltensauffälligkeiten. Ruhigere Rassen wie Britisch Kurzhaar oder Perserkatzen kommen mit weniger Platz aus, sofern sie ausreichend Beschäftigung haben.

### ② Zeit und Aufmerksamkeit

Wie viel Zeit kannst du täglich für deine Katze aufbringen? Einige Katzenrassen (z. B. Siamkatzen, Orientalen) sind extrem menschenbezogen und leiden, wenn sie zu viel allein sind.

Tipp: Wenn du viel arbeitest oder oft unterwegs bist, ist es in jedem Fall sinnvoll, zwei Katzen zu halten.

### ③ Allergien

Katzenhaarallergien sind weit verbreitet. Zwar gibt es keine garantiert allergikerfreundlichen Katzen, aber Rassen wie Sibirische Katzen, Britisch Kurzhaar oder Balinesen produzieren weniger des allergieauslösenden Proteins Feld 1 und werden deshalb als „hypoallergen" bezeichnet.

**Wichtig:**
*Vorher testen, ob die Allergie wirklich bei diesen Rassen ausbleibt!*

### ④ Erfahrung mit Katzen

Einsteiger profitieren oft von ruhigen, gutmütigen Rassen wie Ragdoll oder Britisch Kurzhaar. Diese Katzen sind oft pflegeleicht und sozial. Sehr intelligente oder temperamentvolle Katzen sind eher für erfahrene Halter geeignet, da sie mehr Beschäftigung und Geduld erfordern.

### ⑤ Familienstand und Mitbewohner

Leben Kinder oder andere Tiere im Haushalt? Dann ist es wichtig, eine soziale, verträgliche Katze zu wählen. Maine Coons oder Norwegische Waldkatzen gelten als besonders kinderlieb. Wer bereits Hunde hat, sollte nach Katzen mit einem stabilen, entspannten Wesen suchen.

### ⑥ Pflegeaufwand

Langhaarkatzen wie Perser oder Maine Coons benötigen regelmäßige Fellpflege – manchmal täglich. Wenn du keine Zeit oder Geduld dafür hast, ist eine Kurzhaarkatze besser geeignet.

### ⑦ Herkunft und Gesundheit

Egal ob Rasse- oder Mischlingskatze – achte immer auf die Herkunft. Ich sagte es schon, aber man kann es nicht oft genug betonen: Katzen sollten aus verantwortungsvoller Zucht, dem Tierschutz oder einer seriösen Pflegestelle stammen. Eine verantwortungsbewusste Gesundheitsfürsorge und ein gutes Umfeld sind entscheidend für ein langes, glückliches Katzenleben.

## Wie ich meine Katzen auswählte

Als ich mich entschied, Katzen bei mir aufzunehmen, war von Anfang an klar, dass es Britisch-Kurzhaar-Katzen sein sollten. Nur Simba ist kein richtiger Britisch Kurzhaar, aber durch seine Mutter immerhin zum Teil. Diese Rasse hatte es mir einfach angetan – sowohl vom Aussehen als auch vom Charakter her. Britisch-Kurzhaar-Katzen sind meist ruhige, entspannte Zeitgenossen, und genau das passt perfekt zu meinem Leben. Natürlich gibt es auch bei dieser Rasse temperamentvollere Exemplare, aber insgesamt sind sie eher gelassen. Wenn ich sie zum Beispiel mit Bengalkatzen vergleiche, wird der Unterschied besonders deutlich: Bengalen sind unglaublich aktiv, brauchen viel Platz, Auslauf und Möglichkeiten zum Klettern.

Ich wusste von Anfang an, dass ich eine Rassekatze wollte, die zu meinen Lebensumständen passt – und das waren (und sind) eben die Britisch-Kurzhaar-Katzen. Ihre entspannte Art und ihre wunderschöne Optik haben mich sofort überzeugt.

In jedem Fall sollte man bei der Wahl der Katze immer genau überlegen, was am besten zum eigenen Leben passt. Eine Bengalkatze in einer kleinen Wohnung? Das wäre für mich zum Beispiel gar nicht in Frage gekommen, weil diese Tiere so viel Bewegung brauchen. Da sollte man wirklich achtsam sein, damit sowohl Mensch als auch Katze glücklich sind.

Ein weiterer wichtiger Grund für meine Entscheidung war, dass ich eigentlich allergisch auf Katzen reagiere. Bei anderen Rassen hatte ich immer Probleme mit Niesanfällen, einer ständig laufenden Nase und tränenden Augen. Zum Glück ist das bei meinen Britisch-Kurzhaar-Katzen nicht der Fall. Ich bin echt froh, dass ich keine allergischen Reaktionen auf sie habe!

Was ich aber auch nochmal unterstreichen möchte: Es muss nicht immer eine Katze vom Züchter sein. Im Tierheim gibt es so viele tolle Katzen, die ein liebevolles Zuhause suchen, darunter auch Rassekatzen. Egal ob Rasse oder nicht, es geht letztlich darum, der Katze ein gutes Zuhause zu geben. Eine Tierheimkatze aufzunehmen, ist eine wundervolle Möglichkeit, einem Tier eine zweite Chance zu schenken.

# MEIN FREUND UND SEINE LIEBLINGE

Sina: „Zoey ist der größte Liebling meines Freundes. Es ist wirklich süß zu sehen, wie er sich um sie kümmert und immer für sie da ist. Aber auch die anderen kommen nicht zu kurz – er sorgt dafür, dass alle Katzen die Aufmerksamkeit bekommen, die sie verdienen. Wenn er nach einem langen Arbeitstag nach Hause kommt, ist es ein regelrechtes Fest: Zuerst gibt es eine große Knuddelrunde mit allen, und das bringt jedem ein Lächeln ins Gesicht.

Allerdings hat er auch seine Eigenheiten. Er mag es nicht, dass ständig Katzenhaare herumfliegen, und achtet sehr darauf, dass seine Kleidung immer haarfrei bleibt. Er ist ein Meister im Entfusseln und hat ein ganzes Ritual entwickelt, um sicherzustellen, dass er zur Arbeit geht, ohne dass auch nur ein Haar von seinen geliebten Katzen an ihm haftet.

Ich hingegen habe keinen Liebling. Ich liebe alle meine Katzen gleich, aber Simba hat eine besondere Bindung zu mir, da er mein erster Kater ist. Er ist wirklich etwas ganz Besonderes. Am schönsten ist es, wenn er schnurrend seine Milchtritte macht."

# 25

# KATZENHALTER-„PROBLEME", DIE WIR DOCH EIGENTLICH LIEBEN (MÜSSEN)

**1. Nie wieder allein aufs Klo**

Du schließt die Tür – falsch gedacht. Zwei Sekunden später kratzt's, mauzt's oder guckt dich durch den Spalt ein Katzenauge an. Privatsphäre? Gibt's nicht.

**2. Bettbeziehen = Katzensport**

Frische Laken? Einladung zum Angriff. Deine Katze rastet aus wie bei einer Kissenschlacht auf Koffein – und du versuchst dabei mit einer Mischung aus stoischer Ruhe und Verzweiflung, das Bett zu machen. Immer wieder.

**3. Laptop = Wärmepad Deluxe**

Du willst arbeiten, sie will chillen. Ergebnis: Katze auf Tastatur. Dein Dokument heißt jetzt „ssslkkk555****jjj".

**4. Platz da, jetzt komm ich!**

Du stehst kurz vom Sofa auf – zack, ist sie da. Genau da, wo du gerade saßt. Und sie guckt dich an wie: „Hattest du hier eine Reservierung?"

**5. Die unsichtbare Maus**

Deine Katze flitzt durch die Wohnung, springt gegen Wände, jagt ... nichts. Und du stolperst mitten rein ins imaginäre Actiondrama.

**6. Yoga mit Katze**

Du gehst in den herabschauenden Hund – sie sieht: ein Klettergerüst. Plötzlich liegt sie auf deinem Rücken, und dein Sonnengruß wird zum Katzengewichtheben.

**7. Müll ist Beute**

Du kommst nach Hause, und deine Katze steckt mit dem Kopf in einer leeren Brottüte. Der Mülleimer? Schlachtfeld.

**8. Tanzduett des Grauens**

Du tanzt fröhlich durchs Wohnzimmer – und plötzlich schießt ein Pelzblitz zwischen deine Füße. Zwangs-Choreografie inklusive Umknick-Gefahr.

**9. Fensterbankkönigin**

Du läufst vorbei, und da sitzt sie: die majestätische Katze auf dem Fenstersims, Blick in die Ferne. Wahrscheinlich plant sie die Weltherrschaft.

**10. Der Stuhl gehört jetzt mir**

Du willst zurück auf deinen Stuhl – aber deine Katze thront bereits darauf. Mit Blicken, die sagen: „Na los, versuch's doch."

**11. Handy? Nein. Katze.**

Du checkst kurz dein Handy – zack, liegt sie dir quer übers Gesicht. Social Media? Abgebrochen wegen Flauschalarm.

**12. Der Schuhschlafplatz**

Du suchst deinen linken Sneaker. Sie schläft drin. Und du fragst dich, wie eine Katze in Schuhgröße 40 passt.

**13. Couchbesetzung deluxe**

Du möchtest es dir gemütlich machen – aber deine Katze liegt schon auf der perfekten Kuhle. Also hockst du wie ein Gast am Rand.

**14. Das Knisterpapier-Fest**

Du packst was aus – plötzlich raschelt es. Nicht mehr das Papier. Sondern die Katze mittendrin, mit stolz erhobenem Hintern im Karton.

**15. Teppich = Spielfeld**

Kaum drehst du dich um, rast deine Katze über den Teppich, als würde sie einen Weltrekord im Teppichsurfing aufstellen wollen.

### 16. Kofferzeit = Protestzeit

Du packst für den Urlaub – und deine Katze zieht ein. In den Koffer. Legt sich auf deine Kleidung. Mit den Augen, die sagen: „Du bleibst hier."

### 17. Heimliches Naschen? Nicht mit Katze!

Du schleichst leise in die Küche. Sie war schneller. Und sitzt schon da, als hätte sie dich eingeladen. Mit dem Blick: „Und? Was bringst du mir mit?"

### 18. Stretch & Attack

Du streckst dich wohlig – und wirst zur lebenden Sprungfläche. Die Katze landet mit Anlauf auf dir. Warum? Weil sie's kann.

### 19. Handtaschengeheimnis

Deine Tasche raschelt verdächtig. Du hebst sie hoch – 4,5 Kilo Katze. Alles klar: Dein Lippenstift gehört jetzt ihr.

### 20. Der hungrige Hypnotiseur

Du willst in Ruhe essen. Doch gegenüber sitzt ein pelziger Hypnotiseur und starrt dein Sandwich an, als hinge sein Leben davon ab.

**21. Papier? Langweilig.**

Du rollst liebevoll einen Papierball und wirfst ihn. Und die Katze schaut dich an, als hättest du gerade deine Würde verloren.

**22. Schlafenszeit: Jetzt geht's los!**

Du willst schlafen? Süß. Deine Katze startet ihre Mitternachtsolympiade auf deinem Kopfkissen. Goldmedaille im Nervenrauben.

**23. Die lebendige Stolperfalle**

Du gehst. Sie steht. Plötzlich. Mitten im Weg. Wie eine kleine flauschige Mauer, die sich nicht verschieben lässt.

**24. Vorhang? Herausforderung!**

Ein Vorhang ist kein Dekoobjekt – es ist ein Klettergerüst. Bis ganz oben. Und dann: Wusch! Ein eleganter Abgang in deine Zimmerpflanze.

**25. Das mysteriöse Kleiderschrankwesen**

Du suchst deinen Lieblingspulli. Stattdessen findest du zwei grüne Augen, die dich aus der hintersten Ecke anblinzeln. Willkommen in der Festung Flausch.

Wenn du bei drei oder mehr Punkten zustimmend nicken musstest – Glückwunsch, du bist nicht Besitzer, du bist Personal.

# KATZENHALTUNG - EINE GANZ BESONDERE HERAUSFORDERUNG

*Vor der Anschaffung einer Katze ist es wichtig, die langfristigen Verantwortungen zu bedenken – sei es in Bezug auf die tägliche Pflege, die Gesundheitsvorsorge oder die soziale Interaktion. Katzen sind wunderbare Gefährten, die jedoch auch Zeit und Liebe erfordern. Ein ganz spezielles Thema ist dabei die Eingewöhnung.*

## Interview: „Amy schnurrt nach" – Katze Amy und Experte zum Thema „Eingewöhnung"

Amy: „Heute spreche ich mit einem menschlichen Katzenexperten. Ja, viele Menschen möchten sich eine Katze anschaffen, aber nicht jeder weiß, wie er sich richtig darauf vorbereiten kann. Was sollten Zweibeiner tun, bevor sie uns schnurrige Mitbewohner ins Haus holen?"

Experte: „Das ist eine großartige Frage, Amy, und es freut mich, dass wir darüber sprechen! Der erste Schritt ist, sich ehrlich zu fragen, ob man bereit ist, die Verantwortung für ein Tier zu übernehmen – und zwar über viele Jahre hinweg. Katzen können 15 Jahre oder länger leben. Man sollte sich also Gedanken machen über Zeit, Platz, Kosten und mögliche Veränderungen im Leben, wie Umzüge oder Familienzuwachs."

Amy: „Miau, da hast du Recht. Manche denken, wir sind pflegeleicht, aber wir sind anspruchsvoller, als wir aussehen. Was gehört denn noch zur Vorbereitung?"

Experte: „Ein weiterer wichtiger Punkt ist, sich über die Bedürfnisse von Katzen zu informieren. Ihr braucht ja nicht nur Futter und eine Katzentoilette, sondern auch Rückzugsorte, Spielzeug, einen Kratzbaum und vor allem viel Aufmerksamkeit. Es ist auch sinnvoll, sich zu überlegen, ob man eine Wohnungskatze möchte oder eine, die auch draußen unterwegs sein kann."

Amy: „Schnurr ... das klingt vernünftig. Aber was ist, wenn ein Mensch unsicher ist, welche Katze zu ihm passt?"

Experte: „Das ist ein spannender Teil, Amy! Hier sollte man sich Zeit nehmen. Es gibt verschiedene Rassen mit unterschiedlichen Charakteren, und auch Hauskatzen haben ihre Eigenarten. Es ist wichtig, nicht nur nach dem Aussehen zu entscheiden, sondern nach dem Wesen. Manche Katzen sind sehr aktiv und brauchen viel Beschäftigung, andere sind ruhiger und verschmuster. Wer unsicher ist, kann im Tierheim vorbeischauen und mit den Mitarbeitern sprechen – dort gibt es oft tolle Tipps, welche Katze zum Lebensstil passt."

Amy: „Miau, das klingt, als wäre das Tierheim ein guter Ort, um uns kennenzulernen. Aber wie sieht es mit der ersten Zeit im neuen Zuhause aus? Hast du da Tipps?"

Experte: „Unbedingt, Amy! Die Eingewöhnung sollte behutsam erfolgen. Katzen sind Gewohnheitstiere, und ein neues Zuhause kann erst einmal einschüchternd wirken. Es hilft, einen Rückzugsort einzurichten – ein ruhiges Zimmer mit allem, was die Katze braucht: Futter, Wasser, eine Katzentoilette und ein paar Spielsachen. Die Menschen müssen der Katze Zeit geben, die Umgebung in ihrem Tempo zu erkunden, und zu viel Trubel in den ersten Tagen vermeiden."

Amy: „Das klingt schnurr-fekt. Vielen Dank für deine Tipps! Ich hoffe, dass sich alle zukünftigen Katzenbesitzer gut vorbereiten, damit wir uns von Anfang an pudelwohl fühlen können. Möchtest du noch etwas hinzufügen?"

Experte: „Danke, Amy! Ich würde allen mitgeben, dass Katzen keine Kuscheltiere sind, sondern Familienmitglieder. Wer euch mit Respekt, Geduld und Liebe begegnet, wird mit einem treuen, verspielten und manchmal auch frechen Begleiter belohnt."

Amy: „Miau, dem stimme ich voll und ganz zu! Vielen Dank, dass du heute bei ‚Miau mich an!' warst. Und an alle Zuhörer: Überlegt gut, bevor ihr eine Katze zu euch holt – wir sind nämlich etwas ganz Besonderes!"

Sina: „Ganz wichtig: Jeder macht es anders und das ist auch gut so! Das Gespräch zwischen Amy und dem Experten dient nur als Leitfaden. Jeder, der sich eine Katze anschafft und vielleicht auch später mehrere Stubentiger zusammenführen möchte, muss selbst schauen, was für ihn die beste Möglichkeit ist. Auch ich habe es anders gemacht. Wie meine Vorgehensweise war, erzähle ich dir später noch."

## Katzen, Stoffe und Pflanzen – was du darüber wissen solltest

*Die Wohnungsgestaltung sollte nicht außer Acht gelassen werden, wenn man überlegt, eine Katze aufzunehmen. Katzen haben die Angewohnheit, an Möbeln zu kratzen, was zum Beispiel Ledersofas schnell beschädigen kann. Es ist daher ratsam, robuste oder weniger wertvolle Möbelstücke zu wählen, um sich vor Beschädigungen zu schützen.*

**Interview: „Stubentiger-Geflüster mit Amy" – Katze Amy spricht mit einem Experten über robuste Stoffe für Katzenhaushalte**

Amy: „Ich bin Amy, die Stoff-Expertin auf vier Pfoten, und heute sprechen wir über ein wichtiges Thema für alle, die mit uns Katzen zusammenleben: robuste Stoffe. Welche Materialien sind nicht nur schön, sondern auch praktisch für uns Samtpfoten? Ich habe einen Experten eingeladen, um uns schlau zu machen. Hallo Experte, schön, dass du da bist!"

Experte: „Hallo Amy, vielen Dank für die Einladung! Ich freue mich, heute über Stoffe sprechen zu dürfen, die sowohl für Katzen als auch ihre Menschen geeignet sind."

Amy: „Das klingt super! Fangen wir direkt an: Was sind denn die besten Stoffe, wenn man mit einer Katze wie mir wohnt – also einer, die gerne mal die Krallen ausprobiert?"

Experte: „Ein absolutes Highlight ist Samt. Dieses Material ist nicht nur edel und angenehm weich, sondern auch äußerst praktisch für Katzenhaushalte. Katzen können da mit ihren Krallen keine Fäden herausziehen, und es ist leicht abwischbar, falls mal etwas verschmutzt wird."

Amy: „Aber nicht jeder mag Samt. Gibt es Alternativen?"

Experte: „Eine tolle Alternative ist Mikrofaser mit Samtoptik. Sie vereint die Vorteile von Samt, hat aber eine etwas andere Haptik und ist oft noch widerstandsfähiger gegen Flecken und Abnutzung. Außerdem gibt es Teddystoff, der eine ganz besondere Optik hat. Er ist kuschelig und robust zugleich – perfekt für Katzen, die es gemütlich mögen."

Amy: „Oh, ich liebe es, wenn es weich ist! Und was ist mit Stoffen wie Cord? Ich habe gehört, dass der auch gut sein soll."

Experte: „Das stimmt! Cordstoff ist ebenfalls eine gute Wahl. Er ist strapazierfähig und hält einiges aus. Allerdings muss er optisch gefallen, denn der Stil ist nicht jedermanns Sache. Aber für Katzenbesitzer, die einen robusten Stoff suchen und gleichzeitig einen Hauch Retro mögen, ist Cord ideal."

Amy: „Verstehe. Und was ist mit Stoffen, die man eher meiden sollte?"

Experte: „Stoffe mit grober Struktur oder offenen Fasern sind problematisch. Katzen können dort leicht mit ihren Krallen hängen bleiben, und es entstehen schnell Fäden. Auch empfindliche Stoffe wie Seide oder dünne Baumwolle sind nicht geeignet, da sie weder strapazierfähig noch abwischbar sind."

Amy: „Das merke ich mir. Zum Schluss noch eine Frage: Wie finde ich heraus, welcher Stoff am besten zu uns passt?"

Experte: „Das hängt vom Geschmack der Menschen ab, und

davon, wie aktiv du als Katze bist. Wenn du gern kratzt, ist Samt oder Mikrofaser ideal. Wenn es eher um Gemütlichkeit geht, wäre Teddystoff oder Cord eine gute Wahl. Es ist immer eine gute Idee, vor dem Kauf Stoffmuster zu testen und zu schauen, wie sie sich in eurem Zuhause machen."

Amy: „Das klingt nach einem Plan! Vielen Dank für diese tollen Tipps. Jetzt kann ich meinen Dosenöffnern genau erklären, worauf sie achten sollen. Miau!"

Experte: „Gern geschehen, Amy! Ich wünsche dir und deinen Dosenöffnern viel Freude mit eurer neuen Einrichtung – robust und katzenfreundlich!"

Sina: „Der Cordstoff an sich ist eine gute Wahl. Viele Katzenbesitzer haben sich schon für diesen entschieden. Auch ich habe ihn bereits gewählt. Meine persönliche Erfahrung ist jedoch, dass auch dieser Fäden zieht, weshalb ich andere Stoffe wie Samt bevorzuge. In diesem Fall kann ich empfehlen, dass es jeder für sich selbst ausprobieren und herausfinden muss. Auch wenn der Cordstoff Fäden zieht, lassen sich diese rückstandslos abschneiden.

Außerdem ist es wichtig, darauf zu achten, dass keine giftigen Pflanzen in der Wohnung sind, da Katzen diese anknabbern könnten."

Interview: „Miau-Talk mit Milo" – Kater Milo und Experte zum Thema „Pflanzen und Katzen – Vorsicht und Tipps"

Milo: „Hier spricht Milo, euer neugieriger Pflanzenliebhaber. Bei mir geht es gerade um ein wichtiges Thema: Pflanzen in Katzenhaushalten! Welche Pflanzen sind sicher, und worauf sollten Dosenöffner achten? Ich habe mir einen Pflanzenexperten eingeladen, der uns die grünen Geheimnisse verrät. Hallo, schön, dass du da bist!"

Experte: „Hallo Milo, danke für die Einladung! Es ist großartig, dass wir über dieses wichtige Thema sprechen, denn viele Katzenhalter unterschätzen die Risiken, die von Pflanzen ausgehen können."

Milo: „Genau! Ich habe gehört, dass einige Pflanzen giftig für uns Katzen sind. Welche sollte man unbedingt aus der Wohnung verbannen?"

Experte: „Du hast Recht, Milo. Einige Pflanzen sind für Katzen hochgiftig, darunter zum Beispiel alle Arten von Lilien, Efeu, Drachenbaum, Ficus und Dieffenbachia. Schon ein kleiner Biss an diesen Pflanzen kann gefährlich sein. Es ist daher wichtig, dass Katzenhalter bei der Auswahl von Zimmerpflanzen sehr achtsam sind."

Milo: „Oje, dann lieber auf Nummer sicher gehen. Gibt es denn Pflanzen, die ungefährlich für uns Stubentiger sind?"

Experte: „Ja, glücklicherweise gibt es einige katzensichere Pflanzen! Eine sehr beliebte Option ist die Calathea. Sie ist ungiftig und wunderschön, allerdings auch ein bisschen pflegeintensiv, da sie hohe Luftfeuchtigkeit und indirektes Licht bevorzugt. Andere tolle und sichere Pflanzen sind Kräuter wie Basilikum oder Petersilie. Areca-Palmen sind auch ungiftig, aber Vorsicht: Fressen solltest du sie trotzdem nicht, denn sie sind schwer verdaulich – größere Mengen können Magenbeschwerden verursachen. Achtung auch bei sogenanntem Zimmerbambus: Hinter dem Namen steckt oft der sogenannte Lucky Bamboo – der ist für Katzen giftig. Echter Bambus, wie Fargesia, gilt als ungiftig, kann aber scharfkantige Blätter haben."

Milo: „Miau, das klingt spannend – und ein wenig kompliziert! Aber ich habe gehört, dass wir Katzen oft an Pflanzen knabbern. Ich selbst weiß davon natürlich überhaupt gar nichts. Aber wenn es doch so ist: Gibt es vielleicht bestimmte Arten, die uns dazu weniger verleiten?"

Experte: „Katzen neigen dazu, Pflanzen mit dünnen Blättern eher anzuknabbern, weil sie sie an Katzengras erinnern. Pflanzen mit dickeren, fleischigen Blättern sind weniger attraktiv für Katzen, weil sie sich nicht so leicht durchbeißen lassen. Es gibt zum Beispiel Peperomia oder Pilea, die ungiftig sind. Achte aber genau auf die Art, denn nicht alle sukkulenten Pflanzen sind katzensicher."

Milo: „Ah, das macht Sinn! Gibt es noch andere Tricks, um Pflanzen und Katzen besser zu managen?"

Experte: „Zum Beispiel kann der Mensch ungiftige Pflanzen wie Zitronengras, Basilikum oder Weizengras speziell für die Katze bereitstellen, damit sie eine Knabberalternative hat. Beliebt sind auch Grünlilien – sie gelten als ungiftig, doch Achtung: Sie können Schadstoffe aus der Luft aufnehmen und bei übermäßigem Verzehr kann es zu Magenbeschwerden kommen. Vorsicht bei Blüten und Samen der Grünlilien, hier ist nicht abschließend geklärt, ob sie unbedenklich sind. Es ist außerdem sehr wichtig, dass sich die Menschen genau über die Pflanzen informieren, die sie haben oder kaufen möchten, und dabei auf verlässliche Quellen achten – es gibt im Internet viele falsche Informationen zu dem Thema."

Milo: „Schlaue Ideen! Und was, wenn meine Dosenöffner Pflanzen mit dünnen Blättern unbedingt mögen?"

Experte: „Dann sollten diese Pflanzen außer Reichweite stehen, zum Beispiel oben auf einem Regal. Alternativ kann der Bereich mit dekorativen Gittern oder Glaskästen geschützt werden. Es ist wichtig, dass der Mensch dabei kreativ wird und auf deine Sicherheit achtet, Milo."

Milo: „Miau, das klingt nach einer guten Lösung! Vielen Dank für die ganzen Tipps. Jetzt weiß ich, wie meine Dosenöffner unseren Dschungel katzenfreundlich gestalten können. Letzte Frage: Was ist dein Lieblingspflanzentipp?"

Experte: „Mein Tipp: Kombiniere ungiftige Pflanzen mit Katzengras! Es hält die Katzen beschäftigt und sorgt dafür, dass die Zimmerpflanzen weniger interessant sind. Ein kleiner eigener ‚Katzengarten' macht Katzen glücklich und schützt gleichzeitig die anderen Pflanzen."

Milo: „Das werde ich sofort schnurrend weitergeben! Danke und bis zum nächsten Mal, euer Milo!"

Sina: „Ich selbst gebe meinen Katzen kein Katzengras mehr. Eine Zeitlang habe ich es angeboten, jedoch blieb Zoey einmal ein Halm stecken und sie hatte dann längere Zeit keine Stimme mehr. Wenn du überlegst, Katzengras aufzustellen, lies unbedingt die folgenden Tipps."

**Katzengras – Tipps zur Auswahl und Pflege**

*Katzengras unterstützt die Verdauung und hilft deiner Katze dabei, Haarballen auszuscheiden. Damit es unbedenklich bleibt, solltest du beim Kauf und bei der Pflege ein paar Dinge beachten:*

- **Ungiftige Sorten verwenden:** Geeignet sind z. B. Weizengras oder Hafergras. Achte darauf, dass keine schädlichen Pflanzen beigemischt sind.
- **Nur weiches Gras anbieten:** Manche Gräser haben scharfkantige Halme, die beim Kauen oder Verschlucken Verletzungen verursachen können. Diese solltest du meiden.
- **Frisch halten:** Katzengras kann bei feuchtem Wetter oder falscher Pflege schnell schimmeln oder vertrocknen. Tausche es regelmäßig aus, besonders wenn es unansehnlich oder welk wird.
- **Richtig gießen:** Halte das Gras leicht feucht, aber vermeide Staunässe – zu viel Wasser fördert Schimmelbildung.
- **Standort beachten:** Stelle das Gras an einen gut erreichbaren, stabilen Platz, fern von empfindlichen Möbeln oder Teppichen, da manche Katzen nach dem Fressen erbrechen könnten.
- **Verzehr beobachten:** Die meisten Katzen fressen nur kleine Mengen. Sollte deine Katze jedoch ungewöhnlich viel Gras aufnehmen und dadurch Verdauungsprobleme bekommen, sprich am besten mit einem Tierarzt.

- **Bezugsquellen:** Katzengras bekommst du in Tierfachgeschäften oder online. Du kannst es auch leicht selbst in einem Topf ziehen – das geht ganzjährig, besonders gut aber in den wärmeren Monaten.

## Düfte – schön für uns, aber schädlich für Katzen

Für uns Menschen sind Duftkerzen, ätherische Öle und Raumsprays oft ein Genuss, der für eine angenehme Atmosphäre sorgt. Doch was für uns Wohlbefinden bedeutet, kann für Katzen gefährlich sein. Katzen haben einen extrem empfindlichen Geruchssinn, der etwa 14-mal stärker ist als der des Menschen. Viele Düfte, die für uns angenehm riechen, können bei Katzen zudem zu gesundheitlichen Problemen führen, da ihr Organismus bestimmte Substanzen nicht abbauen kann. Besonders problematisch sind manche ätherische Öle, die über die Atemwege aufgenommen werden oder bei Hautkontakt toxisch wirken können.

Zu den häufigsten Symptomen einer Vergiftung durch Duftstoffe gehören Atemprobleme, Erbrechen, Lethargie, Speichelfluss oder Krampfanfälle. Katzen sind besonders gefährdet, da sie durch ihre Fellpflege Substanzen, die auf ihrem Fell landen, direkt aufnehmen können.

Es ist daher wichtig, bei der Verwendung von Duftstoffen im Haushalt Vorsicht walten zu lassen. Wenn möglich, sollten solche Produkte komplett vermieden oder nur in Räumen verwendet werden, zu denen die Katze keinen Zugang hat.

**Liste von Duftstoffen, die vermieden werden sollten:**

① **Teebaumöl:** Hochgiftig, kann zu Krampfanfällen und Atemproblemen führen.

② **Lavendel:** Kann Vergiftungen auslösen, besonders bei Aufnahme oder direktem Hautkontakt.

③ **Eukalyptus:** Giftig für die Atemwege und den Verdauungstrakt.

④ **Zitrusdüfte (z. B. Zitrone, Orange, Limette):** Können bei Katzen Erbrechen und Durchfall auslösen.

⑤ **Zimt:** Reizt die Schleimhäute und kann Leberprobleme verursachen.

⑥ **Pfefferminze:** Giftig bei Inhalation oder Kontakt mit der Haut.

⑦ **Kiefer und Tanne (z. B. ätherische Öle von Nadelbäumen):** Schädlich für Leber und Atemwege.

⑧ **Kampher:** Kann toxisch wirken und Krampfanfälle auslösen.

⑨ **Ylang-Ylang:** Giftig für die Haut und die Atemwege.

⑩ **Wintergrünöl:** Besonders toxisch bei Aufnahme oder Inhalation.

**Tipp:** *Verwende stattdessen katzenfreundliche Alternativen, wie z. B. ungiftige Pflanzen oder natürliche Luftreiniger, die keine starken Düfte abgeben. Im Zweifelsfall ist es besser, ganz auf Duftstoffe zu verzichten, um die Gesundheit deiner Katze zu schützen.*

### Duftglück – Eine Lösung für Tierfreunde

Die Gründerin von Duftglück ist eine sehr gute Freundin von mir – und ich weiß, wie viel Herzblut sie in dieses Projekt gesteckt hat. Ihr Ziel war es, einen Geruchsneutralisator zu entwickeln, der frei von schädlichen Stoffen ist und gleichzeitig wirklich hilft – ohne dabei Tieren zu schaden.

**Denn:** In so vielen handelsüblichen Produkten zum Versprühen verstecken sich bedenkliche Inhaltsstoffe, die besonders für Tiere gefährlich sein können. Gerade unsere vierbeinigen Mitbewohner reagieren oft empfindlich – sei es über die Haut, die Atemwege oder durch ihr feines Gespür.

Duftglück setzt deshalb auf natürliche Inhaltsstoffe, ist vegan, tierversuchsfrei und wird in Deutschland hergestellt. Es gibt verschiedene Duftrichtungen – von frisch und blumig bis ganz neutral. Perfekt also auch für alle, die keine starken Duftnoten mögen, aber trotzdem etwas gegen unangenehme Gerüche tun wollen.

Ich kann dir wirklich empfehlen, das mal auszuprobieren. Gerade als Tierfreund fühlt es sich gut an, wenn man weiß, dass man seinem Tier nicht unbewusst schadet – und gleichzeitig die Wohnung trotzdem angenehm riecht.

**Und das Beste:** Mit meinem Code KATZENWAHNSINN bekommst du 10% Rabatt auf deine Bestellung!

Zusätzlich unterstützt du mit jedem Einkauf auch regelmäßig den Tierschutz, denn Duftglück startet immer wieder tolle Spendenaktionen.

Für alle, die Tiere lieben und auf der Suche nach einer sicheren, duftenden Lösung sind – schau unbedingt mal rein!

# „MIAU, EURE FÜSSE DUFTEN FANTASTISCH!“ – EIN GESTÄNDNIS VON TOFFEE

Toffee: „Also, Leute, ich muss euch was beichten: Ich liebe Füße! Ja, richtig gehört. Eure Füße sind für mich das Beste seit Katzenminze. Sobald ihr eure Schuhe auszieht, bin ich zur Stelle, bereit für eine ausgiebige Duftanalyse. Jeder Fuß hat seinen eigenen, einzigartigen Geruch – eine Geschichte, die erzählt werden muss!

Barfuß? Herrlich! In Socken? Noch besser! In Schuhen gewesen? Perfekt! Ich stecke meine Nase tief rein und genieße das volle Aroma. Manche Menschen finden das seltsam, aber ich nenne es einfach eine besondere Gabe.

Doch nicht nur Füße haben es mir angetan – Hosen sind ebenfalls fantastisch! Ich liebe es, mich daran festzukrallen und ein bisschen zu testen, ob der Stoff meinen Qualitätsansprüchen genügt. Schließlich will ich ja nur sicherstellen, dass eure Kleidung katzenfreundlich ist.

Also, wenn ihr mich seht und eure Füße nicht versteckt, seid gewarnt: Toffee, der Fußfanatiker, ist auf Patrouille! Und ich werde schnüffeln. Miau!"

# VON KLOS UND KRATZFLÄCHEN - WELCHE GRUNDAUSSTATTUNG IST „PERFEKT" FÜR KATZEN?

*Bevor man sich eine Katze ins Haus holt, sollte man sich gut informieren, was diese wunderbaren Tiere wirklich benötigen. Es ist wichtig, nicht das Günstigste zu kaufen, sondern auf Qualität zu achten – und darauf, dass es wirklich artgerechtes Zubehör ist.*

**Mindestens ebenso wichtig:** Die Bedürfnisse der eigenen Katze müssen berücksichtigt werden, um ein harmonisches und glückliches Zusammenleben zu gewährleisten. Letztendlich ist die Investition in die richtige Ausstattung eine Investition in die Gesundheit und das Wohlbefinden unserer geliebten Vierbeiner.

## Interview: „Schnurrstunde mit Hugo" – Hugo spricht mit einem Experten über die perfekte Grundausstattung für Katzen

Hugo: „Was gehört zur perfekten Grundausstattung, wenn wir bei unseren Zweibeinern einziehen? Dazu habe ich den Experten eingeladen. Fangen wir gleich an: Was braucht ein Mensch, um uns den perfekten Start ins neue Zuhause zu ermöglichen?"

Experte: „Hallo Hugo, danke für die Einladung! Die Grundausstattung für eine Katze sollte gut durchdacht sein. Dazu gehören: Futter- und Wassernäpfe, eine hochwertige Katzentoilette mit passender Streu, ein stabiler Kratzbaum, Spielzeug zur Beschäftigung und ein gemütlicher Rückzugsort. Diese Dinge sind enorm wichtig, um euch Samtpfoten glücklich zu machen."

Hugo: „Schnurr ... klingt schon mal vielversprechend! Lass uns mit dem Futterplatz beginnen. Was sollten unsere Zweibeiner dabei beachten?"

Experte: „Die Näpfe sollten aus leicht zu reinigendem Material wie Keramik oder Edelstahl sein. Plastik ist weniger geeignet, weil es Bakterien ansammeln kann. Für das Wasser empfehle ich zusätzlich einen Trinkbrunnen – viele Katzen, wie du sicherlich weißt, lieben frisches, fließendes Wasser. Der Futterplatz sollte außerdem ruhig und frei von Durchgangsverkehr sein, damit die Katze in Ruhe essen kann."

Hugo: „Miau, ich bin ein großer Fan von Ruhe beim Essen. Was ist mit der Katzentoilette? Was macht eine gute Toilette aus?"

Experte: „Jeder muss für sich selbst entscheiden, was am besten zu den eigenen Katzen und den individuellen Lebensumständen passt. Wichtig ist vor allem, dass die Katzentoilette groß genug ist, damit sich die Katze bequem drehen kann. Viele Katzen bevorzugen offene Toiletten, da sie keine Gerüche einschließen. Entscheidend ist auch, die Streu regelmäßig zu reinigen und auszutauschen – schließlich seid ihr Katzen sehr reinliche Tiere. Der Ort und die Art, wie man die Katzentoiletten aufstellt, ist jedem selbst überlassen. Es hängt immer von den Katzen und ihren individuellen Charakteren ab. Oftmals gewöhnt ihr euch ja aber schnell an die gegebenen Bedingungen. Solange die Hygiene stimmt und die Katzen damit zurechtkommen, gibt es keine pauschale Regel, die für alle Haushalte gelten muss."

Hugo: „Das stimmt! Ich schätze Sauberkeit sehr. Wie sieht es mit einem Kratzbaum aus? Warum ist der so wichtig?"

Experte: „Der Kratzbaum ist unverzichtbar, Hugo. Ihr Katzen müsst eure Krallen pflegen und ihr markiert damit ja auch euer Revier. Außerdem liebt ihr es ja, zu klettern und hoch oben zu sitzen, wo ihr alles im Blick habt. Ein guter Kratzbaum hat stabile Sisalstämme, Liegeflächen auf unterschiedlichen Ebenen und vielleicht sogar eine Höhle oder Hängematte."

Hugo: „Schnurr ... das klingt nach einem Paradies! Und was ist mit Spielzeug? Was empfiehlst du da?"

Experte: „Spielzeug ist wichtig, um euch geistig und körperlich zu fordern. Federangeln, kleine Bälle, Plüschmäuse und Intelligenzspielzeuge sind großartige Optionen. Es ist aber auch wichtig, dass die Menschen aktiv mit ihrer Katze spielen – das stärkt die Bindung und sorgt für mehr Abwechslung."

Hugo: „Miau, ich liebe es, wenn meine Zweibeiner mit mir spielen. Und was macht einen perfekten Schlafplatz aus?"

Experte: „Du weißt ja, Katzen lieben weiche, gemütliche Plätze. Ein Bettchen, eine Kuschelhöhle oder einfach ein weiches Kissen reichen oft schon aus. Wichtig ist, dass der Schlafplatz an einem ruhigen, sicheren Ort liegt. Aber seien wir ehrlich, Hugo: Ihr findet am Ende immer die gemütlichsten Plätze im Haus – sei es das Sofa, der Sessel oder das Bett eurer Menschen."

Hugo: „Erwischt, Experte! Letzte Frage: Gibt es etwas, das Menschen oft übersehen, wenn sie uns Samtpfoten ein Zuhause geben?"

Experte: „Ja, Hugo. Menschen vergessen manchmal, wie wichtig Sicherheit ist. Fenster und Balkone sollten abgesichert werden, damit nichts passiert. Auch giftige Pflanzen oder kleine Gegenstände, die verschluckt werden könnten, sollten außer Reichweite sein. Und schließlich lieben viele Katzen erhöhte Liegeplätze – Regale oder spezielle Wandkonstruktionen sind ideal."

Hugo: „Miau, das sind tolle Tipps! Vielen Dank, dass du uns erklärt hast, wie ein perfektes Zuhause für uns aussehen sollte. Liebe Zweibeiner: Wenn ihr das alles beachtet, schnurren wir garantiert vor Freude!"

Experte: „Danke, Hugo! Es war mir eine Freude, hier zu sein. Und denkt dran: Mit der richtigen Ausstattung wird aus eurem Zuhause ein Katzenparadies."

## Katzenstreu und Katzentoilette: Was tun, damit es nicht daneben geht?

Ein entscheidender Punkt ist die Wahl der Katzentoilette. Die Toilette sollte auf gar keinen Fall zu klein sein. Da spreche ich aus unguter Erfahrung, denn ich hatte anfangs ein kleines Katzenklo – was bei meiner kleinen Randpinklerin dazu geführt hat, dass das Pipi nicht drin, sondern draußen war. Inzwischen weiß ich: Allgemein wird dazu geraten, etwas größere Katzentoiletten zu wählen, damit die Tiere genügend Platz haben – vor allem, wenn man mehrere Katzen hält. Man muss allerdings auch darauf achten, was die eigene Samtpfote mag. Einige Katzen gehen gern auf kleine

Toiletten – im Zweifelsfall hilft es also nur auszuprobieren. Gleiches gilt in Bezug auf die Haube: Einige Katzen mögen lieber geschlossene, andere lieber offene Klos.

Auch wichtig: Es wird empfohlen, eine Toilette mehr als Katzen zu haben. Bei sechs Stubentigern würde das bedeuten, wir bräuchten sieben Katzenklos! Wir haben jedoch nur fünf – denn wir haben eine moderne Lösung entdeckt, die weniger Aufwand und mehr Sauberkeit bietet: elektrische Katzentoiletten. Diese muss man nur alle drei bis vier Tage ausleeren, den Rest erledigt der Reinigungsmechanismus. Nur Zoey hat eine eigene herkömmliche Toilette, die anderen fünf teilen sich vier elektrische Klos.

So praktisch elektrische Katzentoiletten auch sind, gibt es dennoch ein paar wichtige Punkte zu beachten:

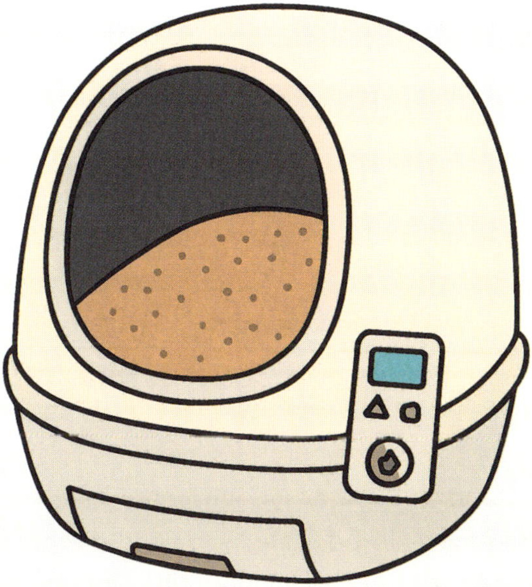

**Elektrische Katzentoiletten:** High-Tech-Lösung mit Vorsicht wählen

Wie bei einer herkömmlichen Toilette solltest du auf die Größe und Qualität achten – es gibt tatsächlich elektrische Klos, die viel zu klein sind, und einige sind auch wirklich nicht gut. Informiere dich deshalb sorgfältig über ein Produkt, bevor du es kaufst – gerade auch, weil elektrische Katzentoiletten etwas kostspieliger sind.

Vorsicht gilt zudem in Bezug auf den Reinigungsmechanismus. Viele Katzen sind von den automatischen Reinigungsmechanismen anfangs eingeschüchtert – daher ist es wichtig, eine Toilette zu wählen, die leise und zuverlässig arbeitet. Zudem solltest du auf hochwertige Verarbeitung und gute Kundenbewertungen achten, denn wenn die Technik nicht richtig funktioniert oder schnell kaputtgeht, kann das mehr Ärger machen als eine normale Toilette.

Ebenso wichtig ist die Wahl der richtigen Katzenstreu. Ich möchte hier keine speziellen Marken empfehlen, denn das Buch soll kein Werbebuch werden – betonen möchte ich aber, dass hochwertige Streu einfach mehr Vorteile hat, auch wenn sie teurer ist. Sie stinkt nicht so schnell, hält länger und klumpt besser, wodurch sie nicht so schnell aufgebraucht wird und ergiebiger ist. Ich hatte schon Streu, bei der ich nach einem Tag dachte: „Oh Gott, die ganze Wohnung riecht!" Oder Streu, die nicht richtig klumpt. Du kennst das vielleicht – es gibt nichts Nervigeres, als ständig die Katzentoilette sauber machen zu müssen, weil die Streu einfach nicht hält, was sie verspricht. Daher: Eine gute Streu erspart dir auf lange Sicht viel Arbeit und sorgt dafür, dass deine Wohnung sauber bleibt.

## Trinkbrunnen: Fließendes Wasser, gesunde Katzen

Statt einfach nur Wasser in Näpfen anzubieten, finde ich es toll, einen Trinkbrunnen aufzustellen. Katzen trinken viel lieber aus einem Brunnen als aus einem Napf – ich merke das bei meinen Tieren sofort. Wenn ich ihnen nur einen Napf mit Wasser hinstelle, wird er kaum genutzt. Fließendes Wasser zieht sie magisch an, sie trinken mehr und bleiben damit auch gesünder.

Ich kann dir nur empfehlen, einen guten Trinkbrunnen zu kaufen. Auch hier gilt: Lieber ein bisschen mehr investieren. Viele günstige Brunnen sind schlecht verarbeitet und gehen schnell kaputt. Ein hochwertiger Trinkbrunnen ist eine Investition, die sich definitiv lohnt und deinen Katzen mehr Freude beim Trinken bereitet.

Wichtig ist außerdem, dass du den Trinkbrunnen regelmäßig reinigst, denn beim Trinken gelangen Speichel und Haare hinein, sodass sich Bakterien und unappetitliche Ablagerungen sammeln können.

## Krallen schärfen und ausruhen: So geht's am besten

Ein Kratzbaum gehört unbedingt zur Grundausstattung von Katzen. Aber du solltest nicht einfach irgendeinen nehmen – ideal ist ein nachhaltiger Kratzbaum mit austauschbaren Ersatzteilen. Vermeide Modelle, die nur mit Plüsch bezogen sind, da dieser oft nicht waschbar ist – und es ist nun mal so, dass Katzen gelegentlich auf den Kratzbaum erbrechen. Ein plüschbezogener Baum ohne abnehmbaren Bezug wird deshalb schnell unhygienisch. Zudem sollten die Kratzstämme robust und ausreichend dick sein, damit die Katzen ihre Krallen effektiv wetzen können – dünne Stämme bringen da wenig.

Ich erinnere mich noch gut an meine Anfangszeit: Ich war unerfahren und habe einige unkluge Entscheidungen getroffen. So kaufte ich beispielsweise einen Kratzbaum für 50 Euro bei Amazon, der alles andere als gut war. Er hatte kaum richtige Kratzsäulen – die waren so dünn, dass meine Katzen sich gar nicht wirklich daran die Krallen schärfen konnten. Qualität sieht definitiv anders aus. Nach einer Weile kaufte ich einen besseren Kratzbaum, der allerdings auch nach nur einem halben Jahr zusammenbrach. Irgendwann habe ich es eingesehen: Es muss ein hochwertiger, nachhaltiger Kratzbaum her, auch wenn ich dafür etwas tiefer in die Tasche greifen muss. Doch es hat sich gelohnt: Die Katzen sind glücklich und ich musste letzten Endes sogar weniger Geld ausgeben, als wenn ich weiterhin alle halbe Jahr einen neuen minderwertigen Baum gekauft hätte. Ebenso wichtig wie ein Kratzbaum sind gut platzierte Liegeplätze. Katzen lieben erhöhte Ruheplätze, von denen sie ihre Umgebung gut überblicken können. Ideal sind Plattformen, Höhlen oder Körbchen am Kratzbaum oder Fensterplätze mit gemütlichen Polstern. Diese Rückzugsorte bieten Sicherheit und fördern das Wohlbefinden.

Gut zu wissen: Kratzmöglichkeiten sind sehr wichtig, um das natürliche Verhalten deiner Katze zu fördern und Möbel sowie Tapeten zu schützen. Neben klassischen Kratzstämmen eignen sich auch Sisalmatten, Kratzbretter oder -tonnen gut. Auch Kratzwände sind eine tolle Ergänzung für Katzenhaushalte. Sehr zu empfehlen ist außerdem Kratzpappe. Katzen können daran ihre Krallen schärfen oder einfach darauf liegen und entspannen. Meine Katzen lieben sie und nutzen sie täglich. So haben sie nicht nur Spaß, sondern trainieren auch ihre Krallen auf schonende Weise.

## Wie Futter- und Trinknäpfe die Gesundheit beeinflussen

Ein weiterer wichtiger Punkt bei der Katzenhaltung sind die Futter- und Trinknäpfe. Plastiknäpfe sollten möglichst vermieden werden, da sie bei einigen Katzen Kinnakne (Feline Akne) fördern können. Besser geeignet sind Näpfe aus Keramik, Edelstahl oder Silikon. Diese Materialien sind hygienischer und schonender für die Haut der Katzen. Flache Näpfe sind ideal, da sie das Fressen angenehmer machen und die empfindlichen Schnurrhaare nicht zu stark berühren. Erhöhte Näpfe haben wiederum den Vorteil, dass sie die Halswirbelsäule entlasten können, was vor allem bei älteren Katzen sinnvoll sein kann. Welche Variante besser ist, hängt von den individuellen Bedürfnissen deiner Katze ab.

**Kinnakne bei Katzen**

*Kinnakne ist eine häufige Hauterkrankung bei Katzen, die sich durch kleine schwarze Punkte (ähnlich Mitessern), Pusteln oder entzündete Stellen am Kinn und manchmal an der Unterlippe zeigt. Sie kann Katzen jeden Alters und Geschlechts betreffen.*

**Ursachen**

Die genaue Ursache ist nicht vollständig bekannt. Mögliche Faktoren sind:

- Verstopfte Talgdrüsen durch überschüssigen Talg
- Stress, der das Hautbild verschlechtern kann
- Allergische Reaktionen, z. B. auf Kunststoff- oder Gumminäpfe, Futtermittel oder Umweltreize
- Unsaubere Fressplätze und Näpfe
- Schwächung des Immunsystems oder andere gesundheitliche Probleme

**Symptome**

- Kleine schwarze Punkte (ähnlich wie Mitesser)
- Rötungen und Schwellungen am Kinn
- Verkrustungen oder Eiterbläschen bei schwereren Fällen
- Juckreiz, häufiges Kratzen oder Reiben am Kinn

**Diagnose**

Der Tierarzt stellt die Diagnose meist durch:

- Klinische Untersuchung der betroffenen Hautstelle
- Abstriche oder Hautbiopsien, um Pilzinfektionen, Milben oder andere Erkrankungen auszuschließen

**Behandlung**

Die Therapie richtet sich nach Schweregrad:

- **Sanfte Reinigung:** Reinigung des Kinns mit lauwarmem Wasser oder vom Tierarzt empfohlenen antiseptischen Lösungen
- **Medikamente:** Bei Infektionen Einsatz von antibiotischen oder entzündungshemmenden Cremes; in manchen Fällen auch spezielle Shampoos oder Retinoide
- **Näpfe wechseln:** Plastiknäpfe sollten durch gut zu reinigende Materialien wie Keramik oder Edelstahl ersetzt werden, um Allergien oder Hautreizungen vorzubeugen

**Vorbeugung**

- Regelmäßige Reinigung der Futter- und Wassernäpfe
- Stressreduktion durch eine ruhige Umgebung
- Regelmäßige Kontrolle des Kinns auf erste Anzeichen einer Kinnakne

**Wichtig:** *Unbehandelt kann Kinnakne sich verschlimmern und zu sekundären Infektionen führen. Bei anhaltenden oder wiederkehrenden Symptomen sollte immer ein Tierarzt konsultiert werden.*

### Persönliche Empfehlung

Ich habe gute Erfahrungen mit kolloidalem Silber gemacht: Mit einem Wattepad das Kinn der Katze zweimal täglich vorsichtig damit abreiben. So ging die Kinnakne bei meinen Katzen oft komplett zurück.

**Hinweis:** *Kolloidales Silber wird zwar häufig zur unterstützenden Behandlung empfohlen, allerdings gibt es keine wissenschaftlichen Belege für seine Wirksamkeit bei Katzen, und die Anwendung sollte immer in Absprache mit einem Tierarzt erfolgen, um Nebenwirkungen zu vermeiden.*

## Grundausstattung

- ❑ Wähle eine Katzentoilette, die zu deiner Katze passt (offen oder geschlossen, ggf. elektrisch).
- ❑ Achte auf eine geeignete und hochwertige Streu (z. B. Klumpstreu, Silikatstreu oder biologisch abbaubare Varianten).
- ❑ Robuste, leicht zu reinigende Näpfe aus Edelstahl oder Keramik – möglichst rutschfest.
- ❑ Hochwertiges Nassfutter (oder ggf. Trockenfutter oder Barf) für eine ausgewogene Ernährung.
- ❑ Ein gemütlicher Schlafplatz an einem ruhigen Ort, z. B. ein Körbchen oder eine weiche Decke.
- ❑ Ein stabiler, nachhaltiger Kratzbaum mit mehreren Kratzflächen, um die Krallenpflege zu unterstützen.
- ❑ Eine sichere Transportbox für Tierarztbesuche oder Reisen.
- ❑ Eine passende Bürste – je nach Felltyp (z. B. Entfilzungsbürste bei Langhaarkatzen).
- ❑ Katzenspielzeug, das den natürlichen Jagdinstinkt fördert und für Abwechslung sorgt.

## Spielzeug für Stubentiger – was wirklich Spaß bringt

Vielleicht weißt du es: Die größte Freude kannst du Katzen mit Kartons machen – sie liegen unglaublich gern darin! Oft frage ich mich, warum ich so viel Geld für Katzenmöbel ausgebe, wenn die Katzen doch viel lieber in einfachen Kartons chillen. Auch spielen meine Katzen genauso gern mit einem zusammengeknüllten Papierball wie mit teuren Spielsachen.

Unter den gekauften Sachen gibt es aber auch Favoriten: Flummis sind bei meinen Katzen (besonders Toffee) sehr beliebt, und ich finde auch Fummelbretter super. Dort kann man Trockenfutter oder Leckerlis verstecken, was für Katzen eine tolle Beschäftigung und eine geistige Herausforderung bietet.

Wichtig ist, bei Spielzeug auf Sicherheit zu achten: Es sollten keine kleinen, leicht verschluckbaren Teile enthalten sein. Ich habe in meiner Community schon oft von Fällen gehört, in denen Katzen wegen verschluckter Spielzeugteile notoperiert werden mussten. Achte also unbedingt darauf, dass das Spielzeug robust und katzensicher ist. Auch Laserpointer können Katzen gut unterhalten und ihren Jagdinstinkt anregen. Allerdings solltest du den Laser nur selten verwenden und das Spiel immer mit einem Erfolgserlebnis beenden, denn wenn die Katze das Licht nie „fangen" kann, überanstrengt sie sich und es kann zu Frustration führen. Außerdem darf der Laser niemals direkt in die Augen der Katze gerichtet werden, da diese sonst geschädigt werden können.

**Wichtig: Abwechslung:** *Kombiniere den Laserpointer mit Spielzeugen, die die Katze wirklich fangen oder greifen kann.*

**Begrenzte** *Nutzung: Verwende den Laser nur in Maßen, um Stress und Frust zu vermeiden.*

**Sicherheit:** *Achte unbedingt darauf, dass das Laserlicht nicht direkt in die Augen der Katze oder anderer Personen fällt.*

## Wohnung katzensicher machen

- ❑ Entferne giftige Pflanzen (wie z. B. Lilien, Weihnachtsstern, Efeu oder Oleander) aus der Wohnung. Tipp: nicht wegwerfen, sondern an Menschen ohne Katzen verschenken.
- ❑ Prüfe regelmäßig, ob neue (Geschenk-)Pflanzen hinzugekommen sind, die für Katzen gefährlich sein könnten.
- ❑ Sichere Kippfenster mit speziellen Gittern oder Sicherungen, damit deine Katze nicht herausfällt.
- ❑ Halte Kabel außer Reichweite oder verwende Kabelschutz, um gefährliches Anknabbern zu verhindern.
- ❑ Kleine Gegenstände, die verschluckt werden könnten, gehören außer Reichweite.
- ❑ Zerbrechliche oder wertvolle Deko besser dort aufstellen, wo neugierige Katzenpfoten nicht hinkommen.

## Intelligenz- und Beschäftigungsspiele

### Fummelkiste

**Material:**

- Stabile Schachtel (z. B. ein Schuhkarton)
- Schere oder Cutter
- Leckerlis oder kleines Spielzeug

**Anleitung:**

① Schneide mehrere Löcher in den Deckel oder die Seiten der Schachtel. Die Löcher sollten groß genug für eine Katzenpfote sein, aber nicht so groß, dass der Inhalt ohne Geschick herausgeholt werden kann.

② Lege Leckerlis oder ein kleines Spielzeug hinein.

③ Deckel aufsetzen – oder offen lassen, wenn deine Katze sich erst daran gewöhnen soll.

④ Beobachte, wie deine Katze versucht, mit der Pfote an den Inhalt zu kommen. Wenn nötig, hilf ihr anfangs etwas.

## Eierkarton-Spiel

**Material:**

- Leerer Eierkarton
- Leckerlis oder Trockenfutter

**Anleitung:**

① Öffne den Karton und verteile Leckerlis in einige der Mulden.

② **Für mehr Herausforderung:** Decke einzelne Mulden mit Papier oder kleinen Bällen ab.

③ Stelle den Karton an einen ruhigen Ort.

④ Falls deine Katze zögert, lege ein Leckerli gut sichtbar hinein.

## DIY-Fummelbrett

**Material:**

- Holzbrett oder fester Karton
- Leere Papprollen (z. B. von Toilettenpapier)
- Kleine Plastikbecher oder -dosen
- Heißkleber oder ungiftiger Bastelkleber
- Leckerlis

**Anleitung:**

① Klebe Rollen und Becher in unterschiedlichen Positionen auf das Brett – gerne auch schräg oder versetzt.

② Kleber gut trocknen lassen.

③ **Verstecke Leckerlis in den Öffnungen.**
**Für Anfänger:** ein paar Leckerlis offen aufs Brett legen.

④ Brett aufstellen und los geht die Pfotenarbeit.

## Leckerli-Rollen-Spiel

**Material:**

- Leere Papprollen
- Stabile Schachtel
- Schere
- Leckerlis

**Anleitung:**

① Papprollen aufrecht in die Schachtel stellen – eng genug, dass sie nicht kippen. Bei Bedarf mit Heißkleber oder ungiftigem Bastelkleber fixieren.

② Verstecke Leckerlis in einzelnen Rollen.

③ Stelle die Schachtel bereit und lass deine Katze stöbern.

④ **Für Fortgeschrittene:** Decke einige Rollen mit Papier ab.

# Bewegungsspiele für Katzen

## Katzenangel selber machen

**Material:**

- Stabiler Holz- oder Plastikstab
- Reißfeste Schnur
- Federn, Stoffstreifen oder kleines Spielzeug
- Heißkleber oder Garn

**Anleitung:**

① Schneide die Schnur auf ca. 50-80 cm Länge.

② Befestige Spielzeug am einen Ende – fest verknoten oder kleben.

③ Das andere Ende der Schnur an den Stab binden oder kleben.

④ Vor der Katze bewegen – der Jagdinstinkt macht den Rest.

## Papierknäuel-Jagd

**Material:**

- Altpapier
  (z. B. Zeitung oder Druckerpapier)

**Anleitung:**

① Papier zu einer festen Kugel zerknüllen.

② Über den Boden werfen und beobachten, wie deine Katze hinterherflitzt.

③ **Bonus:** Manche Katzen apportieren – ausprobieren lohnt sich!

## Versteckspiel

**Material:**

- Möbelstücke oder Kartons

**Anleitung:**

① Verstecke dich hinter einem Möbelstück oder in einem anderen Raum.

② Locke deine Katze mit Rufen oder Geräuschen.

③ **Sobald sie dich findet:** weglaufen oder neu verstecken – viele Katzen lieben das!

## Tunnel aus Kartons

**Material:**

- Mehrere Kartons
- Cutter oder Schere
- Klebeband

**Anleitung:**

① In zwei gegenüberliegende Seiten der Kartons je eine Öffnung schneiden.

① Kartons mit den Öffnungen zusammenstellen und mit Klebeband zu einem Tunnel verbinden.

② Mit Leckerlis oder Spielzeug bestücken – der Rennspaß kann beginnen.

# Kreative Spielsachen für Katzen

## Sockenmaus

**Material:**

- Alte Socke
- Stoffreste oder Füllwatte
- Katzenminze
- Nadel und Faden (oder einfach einen festen Knoten machen)

**Anleitung:**

① Socke mit Füllmaterial und etwas Katzenminze füllen.

② Zubinden oder zunähen – fertig ist die Maus zum Jagen und Bekuscheln.

## Filzball mit Katzenminze

**Material:**

- Filzwolle
  (z. B. Schafwolle, erhältlich im Bastelbedarf)
- Warmes Wasser
- Etwas Katzenminze

**Anleitung:**

① Reiße ein Stück Filzwolle ab und forme es locker zu einer Kugel.

② Befeuchte deine Hände mit warmem Wasser und beginne, die Kugel sanft zu rollen.

③ Füge etwas Katzenminze hinzu und rolle die Kugel weiter, bis sie fest und gleichmäßig geformt ist. Halte sie währenddessen feucht.

④ Spüle sie zur Sicherheit mit klarem Wasser und lass sie gut trocknen – fertig ist ein duftender Filzball zum Spielen.

## Toffee erzählt: „Mein geliebter Flummi"

Toffee: „Da Sina gerade über Katzenspielzeug sprach, möchte ich mich direkt einmischen und dir von meinem liebsten Spielzeug berichten. Hallo, ich bin Toffee, und mein absoluter Favorit ist der Flummi! Dieses kleine bunte Ding bringt mir so viel Freude und Spaß.

Schon wenn ich den Flummi aus einem anderen Raum höre, werde ich ganz aufgeregt und renne sofort los, um mit ihm zu spielen. Eines meiner Lieblingsspiele ist es, den Flummi oben auf die Treppe zu legen und ihn dann mit meiner Pfote herunterzuschubsen. Es ist so spannend, ihm dabei zuzusehen, wie er die Stufen hinunterhüpft! Doch damit hört der Spaß nicht auf. Sobald er unten angekommen ist, schnappe ich mir den Flummi und trage ihn stolz wieder nach oben. Dann beginnt das Spiel von vorn.

Manchmal gehe ich noch einen Schritt weiter und apportiere den Flummi. Ich bringe ihn zu meiner Sina und lege ihn ihr vor die Füße. Dann schaue ich sie mit meinen großen, erwartungsvollen Augen an, bis sie ihn nimmt und für mich wirft. Es ist das Beste, wenn wir zusammen spielen. Sina lacht immer, wenn sie sieht, wie sehr ich meinen Flummi liebe.

Das Spielen mit dem Flummi macht meinen Tag einfach perfekt. Egal, wie oft ich ihn die Treppe hinunterschubse oder zu Sina bringe, es wird nie langweilig. Es ist ein tolles Spiel und ich kann es kaum erwarten, wieder loszulegen!"

# MILO UNTERM BETTKASTEN

Sina: „Es war ein ganz gewöhnlicher Abend, und mein Freund und ich entspannten uns beim Fernsehen. Wir waren so vertieft in die Sendung, dass wir nicht einmal darauf geachtet hatten, ob alle Katzen in der Nähe waren. Doch plötzlich durchbrach ein seltsames Geräusch die Stille. ‚Irgendwas macht Geräusche', sagte mein Freund und sah mich an. Ich konnte mir zuerst nicht vorstellen, was er meinte, bis ich auch aufmerksamer wurde und das Geräusch hörte. Es klang, als würde jemand versuchen, sich bemerkbar zu machen.

Neugierig standen wir auf und schauten nach. Und da war er: Milo! Unser kleiner Entdecker hatte es sich im Bettkasten gemütlich gemacht. Wie er da reingekommen war, war uns ein Rätsel. Wir hatten nicht einmal bemerkt, dass er verschwunden war. Er sah uns mit diesen großen, unschuldigen Augen an, als würde er sagen: ‚Was ist das Problem? Ich hatte hier gerade einen großartigen Moment!'

Es erinnerte mich an ein ähnliches Erlebnis mit Zoey. Sie hatte es einmal tatsächlich geschafft, in eine Schublade zu klettern und dort eine ganze Weile zu verbringen, bis wir sie zufällig entdeckten. Es scheint, als hätten meine Katzen ein geheimes Talent dafür, sich in die absurdesten Verstecke zu quetschen. Während ich über Milos Abenteuer schmunzelte, wurde mir einmal mehr klar, dass das Leben mit Katzen immer wieder für Überraschungen sorgt!"

# REALITÄT STATT PERFEKTION – DINGE, DIE JEDER KATZENBESITZER KENNT (ABER SELTEN ZUGIBT)

Wer ist schon perfekt? Vielleicht zu 99%. Aber dann sind da diese Tage, die einfach das eine Prozent sind. Jeder hat sie schon mal erlebt – oder?

✔ **Das Katzenklo wird nicht täglich gemacht.**
Man sieht es. Man riecht es. Man ignoriert es – für mindestens drei weitere Stunden. Vielleicht auch über Nacht. Vielleicht auch bis morgen.

✔ **Trinkbrunnen sauber machen? Nur wenn man muss.**
Man liebt seine Katze – aber den Trinkbrunnen reinigen fühlt sich an wie eine Strafarbeit. Also wird er erst geputzt, wenn er schon komisch gluckert oder schleimige Alienränder zeigt. Dann aber mit ganz viel Schuldgefühl.

✔ **Näpfe werden auch mal doppelt verwendet.**
Man weiß, dass man sie jedes Mal abspülen sollte. Man weiß, dass das hygienischer wäre. Aber dann steht da dieser Napf … und sieht noch okay aus. Zack: Refill. Mahlzeit.

✔ **Trockenfutter? Notfallration für gestresste Tage.**
Eigentlich gibt's bei uns nur hochwertiges Nassfutter. Eigentlich. Aber dann kommt der Tag, an dem alles schnell gehen muss – und zack, gibt's ein Schälchen Crunchy Chaos. Muss auch mal sein.

✔ **Man saugt nicht jeden Tag.**
Manchmal sieht die Wohnung aus, als hätten zehn Katzen gleichzeitig Fellwechsel. Tut man so, als würde man das nicht sehen? Ja. Reibt man sich trotzdem ein Katzenhaar aus dem Auge? Auch ja.

✔ **Der Kratzbaum ist ein ästhetisches Desaster.**
Teures Designstück – zerfetzt. Überall Fäden, Reste von Sisal, abgekaute Ecken. Aber wehe, man will ihn ersetzen – dann wird er plötzlich wieder heiß und innig geliebt.

✔ **Man hebt Katzen auf, obwohl sie nicht wollen.**
Sie schauen genervt, winden sich raus, murren – aber man will kuscheln! Auch wenn es nur fünf Sekunden sind. Lasst uns lieben, verdammt!

✔ **Die Katze hat mehr Kissen als man selbst.**
Auf dem Sofa liegt man zusammengekauert in der Ecke – weil Madame sich auf der Lieblingsdecke ausgebreitet hat. Und natürlich stört man sie nicht.

✔ **Kotzgeräusche mitten in der Nacht = Panikmodus.**
Man springt im Halbschlaf auf, versucht den Teppich zu retten, fliegt über einen Schuh und tritt am Ende trotzdem rein. Willkommen im wahren Leben.

✔ **Tiere > Einrichtung.**
Das Sofa hat Kratzspuren, die Vorhänge sind angefressen, und auf dem frisch bezogenen Bett wird sich sofort gewälzt. Aber hey – Hauptsache, die Katze ist glücklich.

✔ **Die Transportbox steht das ganze Jahr im Keller.**
Man weiß, man sollte sie rechtzeitig hochholen, trainieren, Leckerlis reinlegen, Gewöhnung schaffen. Aber ehrlich? Meist wird sie fünf Minuten vor dem Tierarzttermin hektisch abgestaubt – und das Tier hat sofort Verdacht.

✔ **Jedes Rascheln wird automatisch als Snack interpretiert.**
Ein Bonbon ausgepackt? Eine Chipstüte geöffnet? Sofort stehen zwei Katzen parat, als hättest du die heilige Leckerli-Schale gehoben. Und wehe, es ist nichts für sie. Drama.

✔ **Der Kratzbaum ist Deko – gekratzt wird an der Couch.**
Obwohl man in fünf Kratzmöglichkeiten investiert hat, ist und bleibt die Sofaecke das beliebteste Kratzobjekt. Aber hey, man gewöhnt sich an das neue Design: Boho-Krallenspuren.

✔ **Katzenhaare sind ein fester Bestandteil der Garderobe.**
Man denkt, man hätte alles entfusselt – und dann sieht man im Büro bei Tageslicht: Man ist eigentlich ein flauschiges Biest. Die schwarze Hose? Eine Lüge.

✔ **Man spricht mit der Katze. In vollständigen Sätzen.**
Und man erwartet Antworten. Oder zumindest ein zustimmendes Blinzeln. Kommt nichts, redet man trotzdem weiter. „Willst du Thunfisch oder Ente?" Stille – „Okay, Thunfisch."

✔ **Katzen-TV läuft täglich – und dauert Stunden.**
Fenster auf, Blick nach draußen, Vogelbeobachtung in HD. Während die Katze wie hypnotisiert auf dem Fensterbrett sitzt, ist man selbst längst verspätet. Aber man bleibt. Weil man es zu schön findet.

✔ **Man macht sich Sorgen, wenn sie fünf Minuten nicht aufgetaucht sind.**
Die Wohnung hat 60 Quadratmeter, es gibt keine Verstecke – und trotzdem verschwindet die Katze ins Nichts. Für einen kurzen Moment: pure Panik. Dann kommt sie gähnend aus dem Wäschekorb.

**Fazit:** Perfektion ist langweilig. Katzenleben ist echt. Und manchmal eben auch ein bisschen eklig, nervig, lustig – und absolut wundervoll. Wenn du dich in mindestens drei dieser Punkte wiedererkennst: Willkommen im Club. Du machst alles richtig.

## WENN DIE MENSCHEN IN DEN URLAUB FAHREN – WO BLEIBT DIE KATZE?

*Manche Menschen nehmen ihre Katzen einfach mit, wenn sie in den Urlaub fahren – und die betreffenden Stubentiger lassen das sogar gern mit sich machen. Allerdings trifft das auf die wenigsten Katzen zu, und wenn, dann geht dem ein langes, intensives Training voraus. Das bedeutet: Wenn du verreisen möchtest – egal wie lange –, brauchst du sehr wahrscheinlich eine Urlaubsbetreuung für deine Samtpfote.*

## Meine Erfahrungen – was funktioniert, und was nicht

Ich nehme meine Katzen nicht mit in den Urlaub, denn ich weiß, dass sie das nicht mitmachen würden. Vielleicht Simba, der ist wirklich der Einzige, der entspannt genug wäre. Er liebt neue Umgebungen, ist neugierig und lässt sich durch nichts aus der Ruhe bringen. Ich könnte ihn problemlos mit in den Urlaub nehmen, das würde ihn überhaupt nicht stören. Aber die anderen? Auf keinen Fall. Sie hängen sehr an ihrer gewohnten Umgebung und fühlen sich unwohl, wenn sich etwas ändert. Alle fünf brauchen ihre festen Rituale und Plätze, und eine Reise würde für sie nur unnötigen Stress bedeuten.

Deshalb ist es mir wichtig, dass ich eine zuverlässige Urlaubsbetreuung habe. Am besten ist es, wenn jemand aus dem Freundes- oder Familienkreis ein paarmal am Tag vorbeikommt, um nach den Katzen zu sehen. Aber dabei geht es nicht nur um Futter – die Katzen möchten beschäftigt werden und wollen nicht lange Zeit am Tag allein sein.

**Gut** *zu wissen: Katzen sind zwar Einzeljäger, aber keine Einzelgänger. Viele verwechseln das und glauben, dass eine Katze auch allein glücklich wäre. Schon ein normaler Arbeitstag des Zweibeiners, während dem die Samtpfote zu Hause warten muss, kann großen Stress verursachen. Umso schlimmer ist es, wenn die Menschen tage- oder wochenlang weg sind und nur mal jemand kurz reinschaut, um die Näpfe zu füllen und das Katzenklo zu säubern. Aus diesen Gründen bin ich der Meinung, dass man immer mindestens zwei Katzen halten sollte, damit sie sich Gesellschaft leisten können.*

Es gibt auch die Möglichkeit, die Katzen in eine Tierpension zu bringen, aber das wäre für meine Stubentiger nichts. Eine völlig fremde Umgebung, fremde Katzen – das bedeutet nur noch mehr Stress. Ich habe schon viel Schlechtes darüber gehört und könnte das nicht übers Herz bringen. Aber es gibt inzwischen auch Katzenbetreuer, die nach Hause kommen, wenn man niemanden aus dem eigenen Umfeld hat. Das finde ich eine super Idee, denn so bleiben die Katzen in ihrem gewohnten Umfeld und es entsteht viel weniger Stress.

## Interview: „Toffee fragt nach" – Kater Toffee spricht mit einem Experten über Urlaubsbetreuung für Katzen

Toffee: „Was passiert mit uns Katzen, wenn unsere Zweibeiner verreisen? Dazu habe ich einen Experten eingeladen. Hallo Experte! Sag mal, wie können unsere Menschen sicherstellen, dass wir während ihres Urlaubs gut versorgt sind?"

Experte: „Hallo Toffee, danke, dass ich hier sein darf! Für Katzenbesitzer ist die richtige Urlaubsbetreuung ein sehr wichtiges Thema. Die beste Option ist meistens, die Katze in ihrer gewohnten Umgebung zu lassen und jemanden zu organisieren, der regelmäßig vorbeikommt oder sogar übernachten kann. Das kann ein Freund, ein Nachbar oder ein professioneller Katzensitter sein. Katzen mögen ihre Routine und fühlen sich zu Hause am wohlsten."

Toffee: „Miau, das klingt logisch. Aber wie finden unsere Menschen einen guten Katzensitter?"

Experte: „Zuerst sollten sie in ihrem Umfeld nach vertrauenswürdigen Personen fragen. Wenn niemand verfügbar ist, gibt es Plattformen, auf denen professionelle Katzensitter ihre Dienste anbieten. Wichtig ist, dass die Person Erfahrung mit Katzen hat und sich mit ihren Bedürfnissen auskennt. Ein Probetermin vor der Reise hilft sicherzustellen, dass die Chemie zwischen der Katze und dem Sitter stimmt."

Toffee: „Schnurr ... gute Idee! Aber was sollte so ein Katzensitter denn alles machen, wenn er vorbeikommt?"

Experte: „Der Katzensitter sollte mindestens zweimal täglich vorbeischauen oder, wenn möglich, sogar im Haus übernachten. Er versorgt die Katze mit Futter und frischem Wasser, reinigt die Katzentoilette und verbringt Zeit mit ihr. Spielen, Streicheln oder einfach Gesellschaft leisten sind genauso wichtig wie die Grundversorgung. Manche Katzen sind schüchtern und brauchen Zeit, um Vertrauen zu fassen – das sollte der Sitter respektieren."

Toffee: „Miau, das klingt nach einer Rundumversorgung. Was ist, wenn die Menschen uns in eine Katzenpension bringen wollen?"

Experte: „Für viele Katzen ist eine Pension stressig, weil sie aus ihrer gewohnten Umgebung gerissen werden. Deshalb empfehle ich eher eine Betreuung zu Hause. Falls eine Pension dennoch in Betracht gezogen wird, sollten die Menschen vorher prüfen, ob die Betreuung dort hochwertig ist, genug Platz zur Verfügung steht und die Katzen individuell betreut werden."

Toffee: „Da würde ich wohl erstmal skeptisch schnuppern. Gibt es noch etwas, was unsere Menschen beachten sollten, bevor sie in den Urlaub fahren?"

Experte: „Ja, Toffee. Es ist wichtig, dass die Katze vor der Abreise gesundheitlich gut versorgt ist. Ein kurzer Check beim Tierarzt und ein Vorrat an gewohnter Nahrung und Streu sind unbedingt notwendig. Außerdem sollten die Menschen Notfallkontakte hinterlassen – für den Fall der Fälle."

Toffee: „Schnurr ... klingt, als wäre dann alles geregelt. Gibt es noch einen letzten Tipp für die Zweibeiner?"

Experte: „Natürlich! Katzen sind sensibel, wenn es um Veränderungen geht. Ein Abschied, der nicht zu hektisch ist, hilft euch dabei, euch entspannter zu fühlen. Und wenn die Menschen wiederkommen, sollten sie euch nicht sofort bedrängen – ihr kommt schon, wenn ihr bereit seid, eure Freude zu zeigen. Nicht wahr?"

Toffee: „Miau, ja, so ist es. Danke, dass du uns gezeigt hast, wie unsere Menschen uns auch während ihrer Abwesenheit glücklich machen können. Zweibeiner, denkt daran: Wenn ihr uns gut betreut, schnurren wir euch nach dem Urlaub doppelt so laut an!"

Experte: „Danke, Toffee! Es war mir eine Freude, mit dir zu plaudern. Und an alle Katzenbesitzer: Gute Urlaubsplanung bedeutet auch, dass euer Stubentiger bestens versorgt ist."

# DAS NEUE SOFA IST EIN PERFEKTES VERSTECK

Sina: „Als wir im Urlaub waren, passte meine Mama auf unsere Katzen auf. Alles schien in bester Ordnung, bis sie eines Tages in Panik bei mir anrief. ‚Die Katzen sind verschwunden!', rief sie aufgeregt. Ich konnte mir nicht vorstellen, wo sie sein könnten, schließlich hatten wir unser neues Sofa erst vor Kurzem bekommen und es schien unauffällig.

‚Such mal unter dem Sofa', gab ich ihr als Tipp, obwohl ich mir nicht sicher war, ob das wirklich hilfreich sein würde. Zu meiner Überraschung hörte ich ein kurzes Stöhnen am anderen Ende der Leitung, gefolgt von einem erleichterten Lachen. ‚Du wirst es nicht glauben, aber sie sind tatsächlich dort! Sie haben ein Loch in den Filz gemacht und verstecken sich im Sofa!'

Ich konnte mir das Bild der beiden Schlingel nur zu gut vorstellen, wie sie es sich dort drinnen gemütlich gemacht hatten, als wäre das neue Sofa ihr persönlicher Abenteuerspielplatz. Die Idee, dass sie so einen kreativen Rückzugsort gefunden hatten, brachte mir ein Lächeln ins Gesicht. Unsere Katzen sind wirklich Meister darin, sich die besten Verstecke zu suchen!"

# EINE KATZE UND IHRE GESCHENKE: EXTRAPORTION HAARE UND GRATISWECKER

Wenn man Katzen hat, muss man sich definitiv Gedanken darüber machen, wie sich das auf den Schlaf auswirken kann. Falls die Katzen beispielsweise im Schlafzimmer schlafen, kann es passieren, dass sie einen nachts wecken – und wenn nicht, dann kann das genauso geschehen. Nur sitzt die Katze dann nicht auf dir und maunzt dich an, sondern wetzt ihre Krallen an der Tür. Bei uns war es früher so, dass Zoey gerne vor unserer Schlafzimmertür saß und miaute, wenn sie Hunger hatte, oder auch an der Tür kratzte. Wir haben aber eine Lösung für das Kratzen gefunden: Anti-Kratz-Tape. So hörte sie damit auf – doch pünktlich um 7 Uhr stand sie trotzdem da und miaute nach Futter. Mittlerweile lebt Zoey in der oberen Etage und hat jederzeit Zugang zu ihrem Bereich. Das nächtliche Türenkratzen gehört der Vergangenheit an – aber wer Katzen hat, weiß, dass sie trotzdem immer Mittel und Wege finden, Aufmerksamkeit zu bekommen.

Ein weiteres Thema sind die Haare. Seit ich Katzen habe, ziehe ich kaum noch schwarze Kleidung an – wirklich gar keine. Man kommt in die Wohnung und die Katzenhaare kleben direkt an einem. Ich sage meinen Gästen immer, sie sollen bitte nicht in schwarzen Klamotten oder mit schwarzen Socken kommen, denn die sehen danach garantiert nicht mehr schwarz aus. Das ist einfach so, und als Katzenbesitzer kennt man das.

Leider sind Katzenhaare auch oft ein „Grund", weshalb Tiere irgendwann im Tierheim landen. Manche Menschen unterschätzen, wie viel Fell Katzen tatsächlich verlieren, und ärgern sich über Haare auf Möbeln, Kleidung oder im Essen. Wer sich eine Katze anschaffen möchte, sollte sich daher vorher bewusst machen, dass regelmäßiges Saugen, Bürsten und Entfernen von Haaren auf Möbeln, auf der Kleidung oder an nahezu jedem sonstigen Ort zum Alltag gehören werden. Eine Katze ist kein Plüschtier, das immer sauber und haarfrei bleibt.

Und natürlich machen Katzen auch manchmal Dreck. Es kann vorkommen, dass Katzen unsauber werden, wenn sie Stress oder gesundheitliche Probleme haben. Bei uns ist es schon passiert, dass mal daneben gemacht wurde. Eine meiner Katzen, Zoey, markiert sogar bei Stress und hinterlässt dann ihre Spuren an den Wänden. Das ist natürlich nervig, aber man muss damit rechnen. Man ist ständig am Putzen und muss schauen, wo die Katze wieder markiert hat. Auch die Tatsache, dass Katzen gelegentlich Haarballen erbrechen und das an ungünstigen Stellen tun, sorgt für zusätzliche Herausforderungen.

So ist einfach das Leben mit Katzen – und wer seine Stubentiger liebt, muss lernen, sich damit zu arrangieren. Ob das möglich ist, sollte sich aber jeder vorher überlegen, anstatt dass seine Katze und er ein unglückliches Zusammenleben führen oder die Samtpfote am Ende im Tierheim landet.

# TOFFEE MACHT SELTSAME DINGE

Amy: „Also, ich beobachte ja viel. Ich sehe alles. Und was ich immer wieder sehe? Toffee besteigt Hugo. Warum auch immer.

Vielleicht findet er ihn einfach unglaublich toll. Oder es liegt an irgendwelchen Hormonen, die noch in seinem Körper herumspuken. Vielleicht will er auch einfach zeigen, dass er der Boss ist. Keine Ahnung. Fakt ist: Er macht es ständig. Und das Witzigste daran? Hugo lässt es geschehen. Der will eigentlich nur spielen, hopst herum, schnurrt und stupst Toffee an – und merkt nicht mal, dass Toffee da gerade ganz andere Pläne hat.

Falls du jetzt denkst, das liegt an einer falschen Kastration – nein, das ist es nicht. Die Kastration verhindert zwar, dass wir uns vermehren, aber sie löscht nicht jede Verhaltensweise aus. Manche Katzen behalten hormonelle Restaktivitäten, andere machen das aus sozialer Dominanz oder einfach aus Gewohnheit. Und dann gibt es Toffee. Der macht es halt einfach.

Warum auch immer. Ich beobachte das aus sicherer Entfernung und denke mir meinen Teil. Solange Hugo das mit sich machen lässt ... tja, dann wird Toffee wohl weitermachen."

# FREIGÄNGER VS. WOHNUNGSKATZE - WARUM DRAUSSEN NICHT FÜR ALLE EIN GUTER ORT IST

Bei mir war es so, dass ich von Anfang an wusste, dass meine Katzen keine Freigänger werden. Ich habe einfach viel zu große Angst vor den Gefahren draußen – Autos, andere Tiere oder auch die Möglichkeit, dass sie vergiftet werden könnten. Und Rassekatzen wie die Britisch Kurzhaar lässt man auch nicht so einfach raus, weil sie eben recht teuer sind und man schon oft gehört hat, dass sie geklaut werden. Daher leben meine Katzen drinnen und gehen nur mit mir gemeinsam raus, wenn das Wetter schön ist. Besonders im Sommer oder wenn es mal Schnee gibt, schnappe ich mir die Leine und dann erkunden wir zusammen den Garten. Wobei das auch nicht bei all meinen Katzen gut ankommt.

Zoey und Amy waren ein paarmal mit, aber es hat ihnen nicht gefallen. Sie sind eher die gemütlichen, die es lieben, einfach auf dem Balkon zu sitzen und die frische Luft zu genießen. Die Kater hingegen, die sind begeistert, wenn sie mal raus dürfen, und flitzen dann auch gerne umher.

## Interview: „Zoey schnurrt nach" – Katze Zoey im Gespräch mit einem Experten zu Freigang für Katzen

Zoey: „Heute spreche ich mit einem Experten über ein Thema, das uns Katzen fasziniert: Freigang! Hallo, an dieser Stelle! Bevor wir anfangen, möchte ich noch etwas klarstellen: Meine Zweibeiner haben keine Freigänger-Katzen – ich bin ja auch keine Freigängerin. Aber ich wollte trotzdem dieses Thema ansprechen, weil ich weiß, dass viele von uns gerne draußen unterwegs sind, und ich möchte auch die Zweibeiner erreichen, die Freigänger-Katzen haben. Erzähl doch mal, worauf unsere Zweibeiner achten sollten, bevor sie uns nach draußen lassen."

Experte: „Hallo Zoey, danke für die Einladung! Freigang kann ein wunderbares Abenteuer für Katzen sein, aber es gibt einige Dinge, die Menschen beachten sollten, um euch Samtpfoten dabei zu schützen. Ganz wichtig ist, dass die Katze geimpft, gechippt und bei einer Haustierregistrierung angemeldet ist. Auch eine Kastration ist unverzichtbar, um unkontrollierte Fortpflanzung und Streitigkeiten mit anderen Katzen zu vermeiden."

Zoey: „Miau, da wird also zuerst an unsere Sicherheit gedacht. Und was ist mit der Umgebung? Ist Freigang überall möglich?"

Experte: „Nicht unbedingt. Die Umgebung spielt eine große Rolle. In ruhigen Wohngegenden oder ländlichen Gebieten ist Freigang oft sicherer als in Städten mit viel Verkehr. Wenn die Gegend zu gefährlich ist, können Menschen Alternativen wie gesicherte Gärten oder spezielle Outdoor-Gehege schaffen. So könnt ihr die Natur genießen, ohne großen Risiken ausgesetzt zu sein."

Zoey: „Schnurr ... gute Idee! Aber was, wenn wir noch nie draußen waren? Wie können Menschen uns daran gewöhnen?"

Experte: „Ganz langsam und behutsam! Zunächst sollten Menschen sicherstellen, dass ihr euer Zuhause gut kennt und euch dort sicher fühlt. Dann können sie euch mit einem Geschirr und einer Leine erste Ausflüge ins Freie ermöglichen. Schritt für Schritt lernt ihr, die Umgebung zu erkunden. Nach einer Weile könnt ihr ohne Leine raus – aber nur, wenn ihr zuverlässig zurückkommt."

Zoey: „Miau, ein Geschirr? Ich bin mir da nicht so sicher ... aber gut, es klingt vernünftig. Was können Menschen tun, um uns draußen zu schützen?"

Experte: „Es ist wichtig, dass Katzen immer Zugang zu ihrem Zuhause haben, zum Beispiel durch eine Katzenklappe. Menschen sollten außerdem darauf achten, dass keine gefährlichen Pflanzen oder Chemikalien im Garten sind. Und ein Halsband mit Adressanhänger sollte nur verwendet werden, wenn es einen Sicherheitsverschluss hat, der sich löst, falls die Katze irgendwo hängen bleibt."

Zoey: „Das ist alles gut zu wissen. Gibt es Katzen, die besser drinnen bleiben sollten?"

Experte: „Ja, einige Katzen sind für Freigang weniger geeignet. Dazu gehören sehr junge oder alte Katzen, solche mit gesundheitlichen Problemen und extrem ängstliche Tiere. Auch bestimmte Rassekatzen, die wenig Erfahrung in der freien Natur haben, sind oft sicherer zu Hause."

Zoey: „Miau, dann ist Freigang wirklich nichts für jede Katze. Hast du noch Tipps für diejenigen von uns, die gerne draußen herumstreunen?"

Experte: „Auf jeden Fall! Katzen sollten regelmäßig auf Parasiten wie Flöhe oder Zecken untersucht werden. Auch das Thema Wurmkur ist wichtig – aber hier sollten Menschen vorsichtig sein: Eine Wurmkur sollte nur dann gegeben werden, wenn die Katze wirklich Würmer hat. Das bedeutet, dass vorab ein Test gemacht werden sollte, um einen Befall nachzuweisen. Einfach vorsorglich eine Wurmkur zu geben, ist nicht sinnvoll, da die Medikamente den Katzenkörper unnötig belasten. Besonders Freigänger sollten regelmäßig getestet werden, um sicherzugehen, dass sie frei von Würmern sind."

Zoey: „Schnurr ... das sind wirklich wichtige Hinweise. Vielen Dank, dass du uns erklärt hast, wie Freigang sicher und spannend zugleich sein kann. Liebe Zweibeiner: Denkt dran, uns gut vorzubereiten, dann kommen wir immer schnurrend nach Hause!"

Experte: „Danke, Zoey! Es war mir eine Freude, mit dir zu sprechen. Freigang kann ein tolles Erlebnis sein – mit der richtigen Vorbereitung wird es für Mensch und Katze ein Erfolg."

## Chippen bei Katzen – ein wichtiger Schritt für ihre Sicherheit

Egal ob deine Katze eine Wohnungskatze ist oder als Freigänger die Welt erkundet – stell dir mal vor, sie haut ab, so wie es Milo einmal getan hat. Niemand weiß, wo sich die Katze aufhält, und die Sorgen beginnen. Vielleicht findet ein fremder Mensch deine Samtpfote, doch da niemand weiß, wem sie gehört, könnte sie im schlimmsten Fall ins Tierheim gebracht werden oder der Finder entscheidet sich, sie zu behalten. Dieser Gedanke ist unangenehm, aber leider auch Realität.

Deshalb finde ich persönlich es sehr wichtig, dass Katzen gechippt werden. Der kleine Chip ist ein entscheidender Schritt, um im Notfall schnell herauszufinden, wo deine Katze hingehört. Aber nicht nur das – viele Katzenversicherungen machen das Chippen zur Voraussetzung, um eine vollständige Absicherung zu gewährleisten. Damit ist der Chip nicht nur ein Sicherheitsmerkmal, sondern auch eine wichtige Grundlage für die Zukunft deiner Katze.

Und es hört hier nicht auf: Nachdem das Chippen erfolgt ist, sollte die Katze unbedingt bei TASSO oder einer ähnlichen Stelle registriert werden. Auf diese Weise ist sichergestellt, dass deine Katze im Falle eines Verlustes schnell wieder zu dir zurückfindet.

Das Chippen ist ein kleiner Schritt, aber er kann im Ernstfall den Unterschied zwischen Verlust und Wiedervereinigung ausmachen.

## Stubentiger auf Tour: Ausflüge mit den Katern

Wenn die Sonne scheint und die Luft frisch ist, packen wir unsere Kater ein und machen uns auf den Weg zu einem Abenteuer in der Natur. Ob in den Wald oder zu anderen schönen Orten, meine Katzenmänner sind darauf trainiert, sicher an der Leine zu gehen, sodass sie nicht einfach wegrennen. Natürlich ist es wichtig, stets auf die Umgebung zu achten – man weiß nie, was sich im Unterholz verstecken könnte!

Während die Kater neugierig die Welt entdecken und das Gras unter ihren Pfoten genießen, bleiben Zoey und Amy meistens zu Hause und machen es sich gemütlich. Simba, Milo, Hugo und Toffee lieben es, die frische Luft zu spüren und die Umgebung zu erkunden. Doch nach einem aufregenden Ausflug ist es immer wieder schön, nach Hause zu kommen und in der vertrauten Umgebung zu entspannen.

Wir fahren nie weit weg von unserem Zuhause und wählen nur gewohnte, bekannte Orte für unsere Ausflüge. Dabei achten wir darauf, die Touren nicht bei extremer Hitze oder Kälte zu unternehmen, denn das Wohlbefinden unserer Katzen steht an erster Stelle. Außerdem ist es stets beruhigend, eine zweite Person dabei zu haben, die mit aufpasst und sicherstellt, dass alles gut läuft. So können wir die Natur gemeinsam genießen, tolle Fotos oder Videos machen und kleine Abenteuer erleben!

**Wichtiger Hinweis:** *Bei extremen Temperaturen gehen wir nicht raus, aber wenn in der kalten Jahreszeit angenehme Temperaturen herrschen, machen wir Ausflüge ins Freie. Auch hier ist es mir wichtig, dass es den Katzen immer gut geht. Ich sorge für ausreichend Wärme, beispielsweise durch Wärmflaschen in den Boxen, und achte darauf, dass wir nie zu lange draußen bleiben.*

## Wie ich es geschafft habe, dass meine Katzen mit mir draußen spazieren gehen

Als ich beschlossen habe, meine Kater mit nach draußen zu nehmen, war ich anfangs sehr vorsichtig. Ich wollte sicherstellen, dass sie sich nicht verlaufen oder in Gefahr geraten. Deshalb habe ich sie zuerst an die Leine gewöhnt. So hatte ich die Kontrolle und konnte ihre Reaktionen auf die Umgebung besser einschätzen.

Wir haben unsere Spaziergänge langsam gesteigert, immer an ruhigen Orten, wo sie sich in aller Ruhe an die Geräusche und Gerüche gewöhnen konnten. Mit der Zeit wurden sie immer entspannter, selbst wenn mal ein Hund oder andere Menschen vorbeikamen. Dieses Vertrauen hat sich über die Zeit aufgebaut – nicht nur ihr Vertrauen in die Umgebung, sondern auch in mich.

Ich habe gelernt, dass das gegenseitige Vertrauen der Schlüssel ist. Meine Stubentiger merken, dass ich ihnen Sicherheit gebe, und das lässt sie mutiger werden. Irgendwann war die Leine überflüssig, weil ich darauf vertrauen konnte, dass sie bei mir bleiben.

Natürlich sollte jeder seinen eigenen Weg finden und auf die Persönlichkeit seiner Katzen eingehen. Für mich ist es wichtig, immer eine Box in der Nähe zu haben, in die sich die vier zurückziehen können, falls sie sich unwohl fühlen. Das gibt ihnen Sicherheit und mir ein gutes Gefühl.

Ich weiß, dass jede Katze anders ist. Manche wollen vielleicht immer nach draußen, andere bleiben lieber drinnen.

Das ist völlig in Ordnung. Ich kann nur aus meinen Erfahrungen sprechen, aber ich bin unglaublich froh, dass ich meinen Katern die Möglichkeit gegeben habe, die Welt außerhalb unserer vier Wände zu entdecken.

## Ein Wort zu meiner Vorbildfunktion

Es ist mir wichtig, hier einen klaren Punkt zu setzen: Nicht jede Katze ist gleich, und man sollte sie nicht zu Dingen zwingen, die ihr unangenehm sind. Katzen haben ihre eigenen Persönlichkeiten, Vorlieben und Grenzen, und diese zu respektieren ist entscheidend für ihr Wohlbefinden. Auf meinem Kanal teile ich gerne die Aktivitäten und Spiele, die ich mit meinen Katzen unternehme – alles Dinge, die ihnen Freude bereiten und zu ihrer Natur passen.

Wenn jemand diese Ideen mit seinen eigenen Katzen ausprobieren möchte, liegt es in seiner Verantwortung, die Reaktionen und Vorlieben seiner Tiere zu beobachten. Ich kenne die Katzen meiner Zuschauer nicht, und jeder Tierhalter sollte sich bewusst sein, wie viel Vertrauen er seiner Katze entgegenbringen kann. Letztlich ist jeder für das Wohl seines Tieres verantwortlich und sollte abwägen, was für die eigene Katze am besten ist. Die Kommunikation und das Verständnis zwischen Mensch und Tier stehen an erster Stelle, und nur so kann eine vertrauensvolle Beziehung gedeihen.

# SIMBA UND DAS GEHEIMVERSTECK

Simba: „Ich habe einen unerschütterlichen Entdeckergeist in mir. Jedes Mal, wenn wir auf einem Spaziergang zu diesem besonderen Ort mit dem kleinen Häuschen kommen, schlägt mein Herz schneller vor Aufregung. Das Häuschen hat ein Geheimnis: Man kann wunderbar darunterkriechen. Und genau dort ist mein Lieblingsversteck!

Kaum angekommen, kann ich es nicht abwarten, mich ins Abenteuer zu stürzen. Ich renne direkt auf das Häuschen zu, und es fühlt sich an, als ob der Ort mich ruft. Es ist einfach perfekt zum Verstecken – ein geheimnisvoller Ort, wo ich die Welt um mich herum beobachten kann, ohne dass die anderen mich sehen. Es ist wie ein Spiel, und ich bin der Meister des Versteckens!

Aber meine Menschen wissen, dass ich dort gerne meine Zeit verbringe, und sie müssen aufpassen, dass ich nicht zu lange bleibe. Wenn ich mich erst einmal unter dem Häuschen verkrochen habe, kann es Stunden dauern, bis ich herauskomme. Manchmal höre ich sie rufen, aber ich bin einfach zu beschäftigt, um darauf zu reagieren. Es macht einfach zu viel Spaß, dort unten zu sein! Das ist mein Revier, und ich werde es immer wieder entdecken, egal wie oft sie mich zurückholen wollen. Schließlich gibt es immer noch so viel mehr zu sehen und zu erleben!"

# ZOEY UND DAS LOCH IN DER ERDE

Zoey: „Eigentlich mag ich ja nicht auf Spaziergänge mitkommen. Aber als die anderen angefangen haben rauszugehen, wollte ich mir das auch mal anschauen. Und ich muss zugeben: Dieser eine Ausflug war doch ziemlich cool.

Ich liebe es, in enge Höhlen und versteckte Ecken zu schlüpfen. Es ist für mich wie eine Schatzsuche, bei der ich die Welt um mich herum erkunde. Aber manchmal, naja, manchmal bringt meine Neugier meine Menschen in echte Schwierigkeiten oder zum Verzweifeln!

An diesem Tag im Wald konnte ich einfach nicht widerstehen. Ich entdeckte ein spannendes Loch, das entstanden war, weil ein Baum beim Sturm mitsamt der Wurzel herausgerissen wurde. Sofort war ich hin und weg und krabbelte hinein, um die geheimnisvolle Dunkelheit zu erkunden. Plötzlich hörte ich ihre besorgten Stimmen, die meinen Namen riefen. Sie schienen in Panik zu sein. Ich war so beschäftigt, die verschiedenen Texturen und Gerüche in meinem neuen Versteck zu erkunden, dass ich nicht sofort reagierte.

Die Leckerlis, die sie schüttelten, waren verlockend, aber ich wollte erst noch die Ecken erkunden. Ich hörte sie rufen, doch ich blieb einfach in meinem kleinen Höhlenabenteuer. Sie leuchteten mit einer Taschenlampe hinein und sahen nur meine leuchtenden Augen im Dunkeln. Ich glaube, ich habe sie wirklich verrückt gemacht, denn sie überlegten sogar, die Feuerwehr zu rufen! Aber dann hatte Sinas Schwester eine geniale Idee. Sie begann, auf der anderen Seite zu buddeln, und schaffte es tatsächlich, mich zu befreien. Ich kam heraus, ein bisschen schmutzig, aber voller Aufregung von meinem Abenteuer."

# TIERARZTKOSTEN - UND WAS KAUM EINER WEISS

Amy: „Hallo, ich bin's, Amy. Darf ich mich mal kurz einmischen? Ich möchte dir von einem wichtigen Thema erzählen: den Tierarztkosten. Sie können sehr hoch werden, und das kann sogar ein Grund sein, warum die Zweibeiner finanzielle Schwierigkeiten bekommen oder ihre Katze ins Tierheim geben. Es gibt da aber eine gute Lösung, die komischerweise noch nicht bei allen bekannt ist."

## Versicherung für Tiere – was sind die Vorteile?

Amy: „Viele wissen noch immer nicht, dass es eine Tierkrankenversicherung gibt. Das ist sehr empfehlenswert – aber es ist wichtig, gründlich zu lesen und auch das Kleingedruckte zu beachten. Und: Eine Versicherung sollte am besten direkt am Anfang abgeschlossen werden, da die Kosten nur erstattet werden, wenn Krankheiten noch nicht vorhanden waren.

Ein separates Konto zum Sparen für den Notfall ist zusätzlich eine gute Idee. Man weiß nie, wann eine unerwartete Ausgabe kommen könnte, und es ist beruhigend zu wissen, dass Geld für solche Situationen bereitliegt.

Bei bestimmten medizinischen Problemen ist es außerdem unbedingt notwendig, zu einem Spezialisten zu gehen – und das kann teuer werden. Kleine Tierarztpraxen haben nicht immer alle notwendigen Geräte und Möglichkeiten, um jede Krankheit richtig zu behandeln. Eine Versicherung gibt dabei ein gutes Gefühl, denn man ist immer abgesichert. Das Wichtigste ist, dass das Tier jederzeit behandelt werden kann, ohne dass man sich Sorgen um die Kosten machen muss.

Für mich und meine Freunde ist es beruhigend zu wissen, dass wir im Falle eines Falles die beste medizinische Versorgung bekommen können. Es zeigt, wie sehr unsere Menschen uns lieben und für uns sorgen."

## Interview: „Simba schnurrt nach" – Kater Simba und Experte zum Thema „Tierarztkosten und Tierkrankenversicherung"

Simba: „Hi, hier ist Simba! Heute spreche ich mit einem Experten über ein Thema, das für jeden Katzenbesitzer irgendwann wichtig wird: Tierarztkosten. Warum sind sie eigentlich so hoch, und was können Zweibeiner tun, um besser damit umzugehen? Es gibt einiges, das man wissen sollte, und ich möchte natürlich meine Entdeckungen mit euch teilen! Also, hallo Experte! Was sollten Katzenbesitzer über Tierarztkosten und Vorsorge wissen?"

Experte: „Hallo Simba, danke für die Einladung! Es stimmt, Tierarztkosten können auf den ersten Blick hoch erscheinen, aber sie spiegeln den Aufwand wider, der hinter der medizinischen Versorgung steckt. Dazu gehören nicht nur die Behandlungszeit, sondern auch teure Geräte, Medikamente und die kontinuierliche Weiterbildung der Tierärzte. In vielen Ländern gibt es auch Gebührenordnungen, die die Preise regulieren."

Simba: „Miau, das klingt nach viel Arbeit! Aber wenn wir schon von Kosten sprechen – was sollten Katzenbesitzer eigentlich für die Vorsorge tun?"

Experte: „Eine der wichtigsten Vorsorgemaßnahmen ist, dass Katzen eine Grundimmunisierung erhalten. Hierbei geht es darum, sie gegen die gängigen Krankheiten wie Katzenschnupfen oder Katzenseuche zu impfen. Das ist ein entscheidender Schritt, damit Katzen gesund bleiben und nicht später mit größeren Problemen kämpfen müssen. Es ist aber wichtig, dass nicht jeder regelmäßig zum Impfen gehen muss – das entscheiden die Besitzer selbst, basierend auf dem Alter, dem Gesundheitszustand und den Lebensumständen ihrer Katze."

Simba: „Miau, das klingt doch nach einer guten Idee! Aber was sind die typischen Tierarztkosten, mit denen Besitzer rechnen müssen?"

Experte: „Routineuntersuchungen und Impfungen bewegen sich oft zwischen 30 und 80 Euro. Kastrationen kosten je nach Geschlecht zwischen 100 und 200 Euro. Komplexere Eingriffe oder Diagnosen, wie Röntgen oder Operationen, können schnell mehrere hundert Euro kosten. Dazu kommen laufende Kosten wie Wurmkuren, Flohschutz oder Zahnreinigungen."

Simba: „Schnurr, das summiert sich! Was können die Besitzer tun, um besser vorbereitet zu sein?"

Experte: „Ein guter Tipp ist, jeden Monat einen kleinen Betrag zur Seite zu legen, um ein Notfallbudget anzusparen. Alternativ gibt es auch Tierkrankenversicherungen, die einen

Teil der Kosten übernehmen. Wichtig ist, genau die Leistungen zu prüfen. Deckt die Versicherung Zahnerkrankungen oder chronische Krankheiten ab? Gibt es Altersgrenzen für den Abschluss? Und wie flexibel ist der Tarif, wenn sich eure Bedürfnisse ändern? Auch sollte man darauf achten, ob es eine jährliche Obergrenze für die Erstattung gibt und ob Routinebehandlungen wie Impfungen enthalten sind."

Simba: „Gut zu wissen! Jetzt die große Frage, die meine Dosenöffner sicher interessiert: Was kostet so eine Versicherung denn im Monat?"

Experte: „Das hängt von verschiedenen Faktoren ab – Alter, Rasse, Gesundheitszustand und natürlich dem Tarif. Für eine junge gesunde Katze starten die Beiträge bei etwa 10 bis 15 Euro im Monat. Umfassendere Tarife mit Extras wie Zahnbehandlungen oder Vorsorge können bis zu 30 Euro oder mehr kosten."

Simba: „Miau, das klingt vernünftig, vor allem wenn man bedenkt, was Tierarztbesuche manchmal kosten können. Aber was passiert, wenn die Besitzer keine Versicherung abgeschlossen haben und mal knapp bei Kasse sind? Können sie trotzdem Hilfe bekommen?"

Experte: „In solchen Fällen gibt es durchaus Optionen. Manche Tierärzte bieten Ratenzahlungen an, wenn es um größere Beträge geht. Zudem gibt es Tierschutzvereine oder Stiftungen, die in Notlagen Unterstützung leisten können. Wichtig ist, dass die Besitzer offen mit dem Tierarzt sprechen – oft lässt sich eine Lösung finden."

Simba: „Das beruhigt mich! Und was können die Besitzer noch tun, um die Tierarztkosten langfristig niedrig zu halten?"

Experte: „Vorsorge ist der Schlüssel. Regelmäßige Impfungen, jährliche Gesundheitschecks und bei Bedarf Wurmkuren helfen, Krankheiten frühzeitig zu erkennen und größere Probleme zu verhindern. Eine ausgewogene Ernährung und regelmäßige Pflege tragen ebenfalls dazu bei, dass Katzen gesund bleiben und weniger oft zum Tierarzt müssen."

Simba: „Miau, das ist ein guter Plan! Gibt es noch etwas, das Katzenbesitzer wissen sollten?"

Experte: „Sie sollten sich bewusst sein, dass ein Haustier Verantwortung bedeutet – auch finanziell. Eine Katze ist keine einmalige Anschaffung, sondern ein Begleiter für 15 Jahre oder auch mehr. Gute Planung und viel Liebe helfen, die Kosten im Griff zu behalten und den Tieren ein glückliches Leben zu ermöglichen."

Simba: „Schnurr, danke für all die wertvollen Informationen! Liebe Zweibeiner: Denkt daran, ein bisschen extra für eure Katzen beiseite zu legen – sie zahlen es mit Schnurren und Kuscheln zurück!"

Experte: „Danke, Simba! Es war toll, mit dir zu plaudern. Und an alle Katzenbesitzer: Eine gesunde Katze ist jeden Cent wert."

Sina: „Es ist unbestritten, dass die Kosten für einen Tierarztbesuch und die allgemeine Versorgung unserer geliebten Katzen erheblich sein können. Viele Tierbesitzer, mich eingeschlossen, unterschätzen oft, wie viel Geld für Tierarztbehandlungen, Grundausstattung und Futter zusammenkommt. Deswegen ist es wichtig, sich frühzeitig Gedanken über die finanziellen Aspekte der Katzenhaltung zu machen, denn die Ausgaben sind oft höher als erwartet.

Ich kann jedem nur raten, über eine Tierkrankenversicherung nachzudenken. Es ist so wichtig, eine gute Versicherung abzuschließen, um im Ernstfall abgesichert zu sein. Dabei sollte man nicht nur auf den Preis achten, sondern auch das Kleingedruckte lesen und sicherstellen, dass alle möglichen Erkrankungen abgedeckt sind. Die besten Ergebnisse erzielt man, wenn man die Katze frühzeitig versichert, bevor gesundheitliche Probleme auftreten.

Als ich Hugo zu mir holte, habe ich sofort eine Versicherung für ihn abgeschlossen. Das war eine der besten Entscheidungen, die ich treffen konnte. Er musste zweimal für Zahnoperationen behandelt werden, was insgesamt etwa 3.000 Euro kostete. Diese Erfahrungen haben mir gezeigt, wie schnell die Kosten für Tierarztbesuche in die Höhe schießen können.

Die Preise variieren stark, abhängig von der Region, dem behandelnden Tierarzt und ob es sich um einen Spezialisten handelt. In einer Notfallklinik sind die Preise oft noch höher, und ich habe gelernt, dass solche Besuche an Feiertagen oder Wochenenden deutlich teurer sind. Es bricht mir das Herz, wenn Tiere leiden müssen, nur weil ihre Besitzer nicht in der Lage sind, die Kosten zu tragen. Eine gute Versicherung oder ein finanzielles Polster kann helfen, solche Situationen zu vermeiden.

Was Impfungen angeht, habe ich mich dafür entschieden, meine Katzen nicht regelmäßig impfen zu lassen. Mir war die Grundimmunisierung wichtig, aber darüber hinaus finde ich es sinnvoll, individuell abzuwägen, ob eine Auffrischung wirklich nötig ist. Ich denke, jeder Katzenbesitzer sollte selbst entscheiden, was für seine Tiere am besten ist.

Auch beim Thema Wurmkuren bin ich vorsichtig. Ich bin der Meinung, dass man diese nur geben sollte, wenn wirklich sicher ist, dass die Katze Würmer hat. Regelmäßige Kontrollen, etwa über Kotproben, können helfen, unnötige Behandlungen zu vermeiden. Wichtig ist, sich gut zu informieren und eine Entscheidung zu treffen, die sowohl der Gesundheit der Katze als auch ihrem Wohlbefinden dient."

# SIMBA UND SEINE BESONDEREN HERAUSFORDERUNGEN

Sina: „Simba hat einen starken Geruch wegen der Analdrüsenflüssigkeit, die bei ihm leider unkontrolliert austritt. Dabei kommen manchmal ein paar Tröpfchen heraus, was leider etwas streng riecht. Es kam auch schon einmal vor, dass die Tröpfchen auf meinem Kissen oder meiner Decke verteilt waren. Leider war es auch schon der Fall, dass das größere Geschäft in kleinen Mengen auf dem Bett oder Sofa landete.

Da er mit seiner Analdrüse Probleme hat, müssen wir regelmäßig zum Tierarzt, um sie zu entleeren. Im schlimmsten Fall, wenn man nicht danach handelt, kann dies sonst zu Verstopfung führen, was weitere unschöne Folgen mit sich bringt. Aber das gehört zu ihm, und wir sind darauf eingestellt. Wir waschen regelmäßig seine Lieblingsplätze, und es ist einfach ein Teil unseres Lebens mit ihm. Letztendlich lieben wir alle unsere Katzen und nehmen ihre Macken mit einem Lächeln hin!"

**Analdrüsenverstopfung**

*Analdrüsenverstopfung ist ein häufiges Problem bei Katzen (und Hunden), das auftritt, wenn die Analdrüsen nicht mehr ordnungsgemäß entleert werden. Diese Drüsen befinden sich auf beiden Seiten des Afters und produzieren ein Sekret, das normalerweise beim Stuhlgang abgegeben wird. Es spielt eine Rolle in der Reviermarkierung und Kommunikation unter Tieren.*

**Ursachen**

- **Feste oder zu weiche Stühle:** Diese erschweren die natürliche Entleerung der Drüsen.
- **Übergewicht:** Übergewichtige Katzen haben oft Schwierigkeiten, die Drüsen selbst zu entleeren.
- **Infektionen oder Entzündungen:** Diese können dazu führen, dass die Kanäle verstopfen.
- **Genetische Veranlagung:** Manche Katzen neigen eher zu Analdrüsenproblemen.

**Symptome**

- **Lecken oder Beißen am After:** Katzen versuchen, die Beschwerden selbst zu lindern.
- **Rutschen auf dem Boden („Schlittenfahren"):** Dies deutet oft auf Juckreiz oder Druckgefühl hin.
- **Schwellung oder Schmerzen um den After:** Die Region kann rot und empfindlich sein.
- **Unangenehmer Geruch:** Verstopfte Drüsen können einen starken, fauligen Geruch verströmen.
- **Verhaltensänderungen:** Katzen wirken unruhig oder aggressiv.

**Behandlung**

- **Manuelle Entleerung:** Der Tierarzt drückt die Drüsen vorsichtig aus, um die Verstopfung zu lösen.
- **Medikamente:** Bei Entzündungen werden Antibiotika oder entzündungshemmende Mittel verschrieben.
- **Operation:** In schweren Fällen kann ein chirurgischer Eingriff notwendig sein, um die Drüsen zu entfernen.
- **Ernährungsanpassung:** Ballaststoffreiches Futter kann die Stuhlqualität verbessern und die Entleerung fördern.

**Vorbeugung**

- Regelmäßige Kontrolluntersuchungen beim Tierarzt.
- Eine ausgewogene Ernährung, die gesunde Stühle fördert.
- Gewichtskontrolle, um Übergewicht zu vermeiden.

**Wichtig!** *Wenn du den Verdacht hast, dass deine Katze unter Analdrüsenverstopfung leidet, ist ein Besuch beim Tierarzt wichtig, um Schmerzen und mögliche Komplikationen wie Abszesse zu vermeiden.*

# TOFFEE, DER RENNFAHRER

Sina: „Toffee hat ein neues Hobby entdeckt: Staubsauger-Roboter-Rodeo! Während andere Katzen beim Summen eines Saugroboters Reißaus nehmen, lässt sich Toffee seelenruhig durch die Wohnung kutschieren – Pfoten überkreuzt, Blick königlich. Für ihn ist das keine Putzaktion, sondern eine persönliche VIP-Fahrt. Eine sehr tolle Beschäftigung, findet er. Und wir? Wir lachen uns jedes Mal schlapp."

# EINFACH LECKER? WAS BEIM FUTTER WIRKLICH ZÄHLT - UND WIE KANINCHENOHREN FÜR EINE BLAMAGE SORGTEN

Simba: „Ja, ich weiß. Ihr kennt mich alle als den Allesfresser. Aber dennoch möchte ich hier die Gelegenheit nutzen und euch etwas über das Katzenfutter erzählen. Beim Futterkauf ist es nämlich wichtig, nicht automatisch zum Billigsten zu greifen. Oftmals ist günstiges Futter nicht ergiebig genug oder hat eine mindere Qualität. Vor allem der Fleischanteil in Supermarktfutter ist oft viel zu niedrig, was bedeutet, dass man mehr davon füttern muss, um unsere ernährungsphysiologischen (miau, was für ein schwieriges Wort!) Bedürfnisse zu erfüllen. Auf lange Sicht kann sich das sogar als teurer herausstellen.

Billiges Futter enthält oft nur minderwertige Inhaltsstoffe und Abfälle, die nicht gut für uns sind. Besser ist es, auf hochwertiges Futter zu setzen, das einen hohen Fleischanteil hat und frei von Zucker und Getreide ist. Die Zusammensetzung sollte auf der Verpackung klar deklariert sein. Ein Fleischanteil von mindestens 70% oder mehr ist ideal, und tierische Nebenerzeugnisse, die oft Abfälle enthalten, sollten vermieden werden.

Besonders wichtig in der Katzenernährung ist der Gehalt an Taurin. Diese Aminosäure ist für Katzen essenziell, das heißt: Wir können sie nicht in ausreichender Menge selbst produzieren und müssen sie daher über die Nahrung aufnehmen. Ein Taurinmangel kann schwerwiegende gesundheitliche Folgen haben – etwa Herzmuskelschwäche, Netzhautdegeneration, Fruchtbarkeitsstörungen oder Wachstumsprobleme.

Der tägliche Bedarf liegt bei mindestens 50 mg Taurin pro Kilogramm Körpergewicht. Eine durchschnittliche Katze mit vier Kilogramm (ja, ich weiß, ich wiege ein bisschen mehr) benötigt also etwa 200 mg pro Tag. In hochwertigem Alleinfutter ist Taurin meist ausreichend enthalten – etwa 1000 bis 2500 mg pro Kilogramm Futter. Wer jedoch selbst kocht oder barft, muss Taurin gezielt ergänzen – zum Beispiel mit speziellem Taurinpulver aus dem Fachhandel.

Ebenfalls ist es ratsam, nicht nur Trockenfutter anzubieten. Trockenfutter ist umstritten, und jeder sollte für sich entscheiden, wie viel davon gut für uns ist. Meine Menschen geben uns Trockenfutter nur in kleinen Mengen als Beilage oder als Snack, nicht als richtige Mahlzeit. Denn es entzieht uns Flüssigkeit, wodurch wir Katzen dann viel mehr trinken müssen als sonst.

Im Sommer genießen wir gerne spezielle Leckerlis oder Suppen – aber kein Eis und keine Snacks oder Drinks, die ihr Menschen zu euch nehmt. Eine schöne Abkühlung bieten große Gefäße mit Leckerlis, die wir rausfischen müssen. Ganz wichtig ist, dass immer ausreichend Wasser zur Verfügung steht, besonders an heißen Tagen.

Manchmal sind wir Katzen auch wählerisch beim Futter. Abwechslung ist zwar wichtig, aber nur solange das Futter gut verträglich ist. Es kann auch hilfreich sein, verschiedene Marken auszuprobieren, falls eine nicht mehr verfügbar ist oder wir etwas Neues entdecken möchten. Wenn wir Katzen plötzlich etwas anderes vorgesetzt bekommen, das wir noch nicht kennen, wollen wir dies meist nicht essen. Indem ihr uns über die Zeit an viele Marken gewöhnt, wird eine Umstellung auf anderes Futter, falls diese mal nötig ist, viel einfacher für uns."

## Gefährliche Nahrung – was Katzen auf keinen Fall essen und trinken dürfen

Amy: „An dieser Stelle möchte ich dir verraten, dass ich Weintrauben liebe und Sina mir diese öfter zum Fressen gab. Doch dann fand sie heraus, dass Trauben für uns Katzen giftig sind. Seitdem passt sie natürlich auf. Damit du deinen Vierbeinern nicht versehentlich schadest, hier eine Übersicht über Lebensmittel, die für Katzen giftig oder unverträglich sind:

**Vorsicht, Pfoten weg!**
**Diese Lebensmittel sind für Katzen tabu**

- **Zwiebeln, Knoblauch, Lauch & Schnittlauch:** Können die roten Blutkörperchen zerstören und zu lebensbedrohlicher Anämie führen – egal ob roh, gekocht oder getrocknet.
- **Schokolade:** Enthält Theobromin, das das Nervensystem angreift. Kann zu Erbrechen, Herzrhythmusstörungen und Krampfanfällen führen.
- **Trauben und Rosinen:** Schon kleine Mengen können bei Katzen akutes Nierenversagen auslösen.

- **Rohes Schweinefleisch:** Kann das Aujeszky-Virus übertragen, das für Katzen tödlich ist.
- **Avocado:** Enthält Persin, das bei Katzen zu Magen-Darm-Beschwerden oder sogar Herzproblemen führen kann.
- **Koffein (z. B. in Kaffee, Tee, Cola, Energydrinks):** Führt zu Unruhe, Herzrasen, Zittern und Krämpfen. Schon geringe Mengen sind gefährlich.
- **Alkohol:** Schon kleinste Mengen wirken stark toxisch. Vergiftungen, Erbrechen, Koordinationsstörungen oder Koma sind möglich.
- **Milch und Milchprodukte:** Die meisten erwachsenen Katzen sind laktoseintolerant. Folge: Durchfall, Blähungen, Bauchschmerzen.
- **Roher Fisch:** Enthält das Enzym Thiaminase, das Vitamin B1 (Thiamin) abbaut – kann neurologische Schäden verursachen.
- **Xylit (Birkenzucker):** Kann eine starke Insulinausschüttung auslösen, was zu Unterzuckerung und Leberversagen führen kann.

- **Gekochte Knochen:** Splittern leicht und können den Verdauungstrakt verletzen oder blockieren. Auch rohe Knochen sind nicht für jede Katze geeignet.
- **Zimt:** Enthält Cumarin, das in größeren Mengen leberschädigend wirkt und die Schleimhäute reizen kann.
- **Rohe Eier (v. a. Eiklar):** Enthalten Avidin, das die Aufnahme von Biotin (Vitamin B7) behindert – kann langfristig zu Haut- und Fellproblemen führen.

**WICHTIG:** *Wenn du den Verdacht hast, dass deine Katze etwas Giftiges gefressen hat: Sofort den Tierarzt oder den tierärztlichen Notdienst kontaktieren! Lieber einmal zu viel als zu spät.*

## Rohes Fleisch für Katzen – Vorteile und Herausforderungen

Rohes Fleisch kann eine sinnvolle Ergänzung zur normalen Katzenernährung sein – vor allem im Hinblick auf die Zahnpflege. In freier Wildbahn fressen Katzen ihre Beute samt Fell, Knochen und Sehnen, was die Zähne auf natürliche Weise reinigt. Hauskatzen fehlt diese Möglichkeit oft. Hier kann stückiges, rohes Fleisch als natürlicher „Zahnbürstenersatz" dienen.

Simba, Milo und Hugo sind zum Beispiel ganz verrückt nach rohem Fleisch – besonders auf längeren Filetstreifen kauen sie begeistert. Dabei werden Beläge mechanisch entfernt, das Zahnfleisch wird massiert und das Risiko für Zahnstein sinkt. Tipp: Filetstreifen aus der Hundeabteilung sind oft größer und sorgen für längeren Kauspaß.

**Sicherheit geht vor:** Wichtige Hinweise zur Fütterung von rohem Fleisch

- **Vorher einfrieren:** Rohes Fleisch sollte mindestens 24 bis 48 Stunden bei -18 °C oder kälter eingefroren werden, um Parasiten wie Toxoplasmen und Trichinen abzutöten. Dies ersetzt jedoch nicht hygienisches Arbeiten – Bakterien wie Salmonellen oder Listerien können dennoch vorhanden sein.
- **Frische & Hygiene:** Verwende nur frisches, einwandfreies Fleisch und achte auf saubere Zubereitung und Fütterung.

- **Kein Schweinefleisch – auch nicht gegart:** Schweinefleisch kann, wie schon erwähnt, das tödliche Aujeszky-Virus übertragen. Dieses Virus überlebt in rohem Fleisch, möglicherweise auch in unzureichend gegartem.
- **Ungewürztes Fleisch:** Keine Marinaden, Salz oder Gewürze – viele davon sind für Katzen toxisch (z. B. Knoblauchpulver, Zwiebelextrakt).

**Welches rohe Fleisch eignet sich für Katzen?**

- **Huhn (Brust, Keule, Herz):** Mager, leicht verdaulich, enthält viel Eiweiß. Herzen sind zudem eine gute Taurinquelle.
- **Pute:** Ähnlich wie Huhn, aber noch fettärmer. Ideal für Katzen mit leichtem Übergewicht.
- **Rind (mageres Muskelfleisch, Herz):** Reich an Eisen, Zink und Protein. Rinderherzen liefern viel Taurin.
- **Lamm:** Nährstoffreich, gut verträglich, enthält wertvolle B-Vitamine und Eisen.
- **Kaninchen:** Besonders fettarm, sehr bekömmlich – ein typisches Beutetier für Katzen.
- **Wild (z. B. Reh, Hirsch):** Nährstoffreich, fettarm, mit ursprünglichem Geschmack. Ideal für futtersensible Katzen.

**Hinweis:** *Rohes Fleisch ersetzt kein ausgewogenes Alleinfuttermittel. Wer regelmäßig roh füttert, sollte sich über vollständige Rationen (Barf) informieren oder fachlichen Rat einholen.*

## Barfen liegt im Trend – doch ist das wirklich gut?

Barfen (biologisch artgerechtes Rohfüttern) bedeutet, Katzen mit rohen tierischen Produkten wie Fleisch, Innereien und ggf. rohen Knochen zu füttern – in einer Zusammensetzung, die ihrer natürlichen Ernährung möglichst nahekommt. Ziel ist es, die Fütterung von Beutetieren nachzuahmen, wie es in der Natur der Fall wäre.

Beim Barfen wird meist eine Mischung aus Muskelfleisch, Herz, Leber, Magen und weiteren Innereien verwendet. Manche Barfpläne enthalten auch Fisch (z. B. Lachs oder Makrele) für die Omega-3-Fettsäuren. Ergänzt wird das Ganze durch Zusätze wie Taurin, Kalzium (z. B. über Eierschalenmehl), Vitamine und Spurenelemente.

Wichtig: Barfen ist nicht einfach „Rohfleisch geben". Ohne genaue Planung kann es schnell zu Mangelerscheinungen kommen, etwa an Kalzium, Vitamin A oder Taurin – oder zu gefährlichen Überschüssen. Auch das Verhältnis zwischen Phosphor und Kalzium muss stimmen.

**Was du beachten solltest:**

- **Fundiertes Wissen ist Pflicht:** Wer barfen möchte, sollte sich intensiv einlesen oder eine fundierte Ernährungsberatung für Katzen in Anspruch nehmen. Es gibt spezielle Rechenprogramme oder fertige Pläne, die angepasst werden können.
- **Hygiene ist entscheidend:** Da mit rohem Fleisch gearbeitet wird, ist eine strenge Küchenhygiene wichtig – für Mensch und Tier.
- **Nicht jede Katze eignet sich:** Manche Katzen akzeptieren Barf nicht oder haben gesundheitliche Probleme, bei denen Barfen nicht geeignet ist (z. B. bestimmte Nierenerkrankungen).
- **Fertigbarf ist eine Option:** Wer nicht selbst mischen möchte, kann auf kommerzielle Fertig-Barf-Produkte zurückgreifen. Auch hier gilt: Achte auf Qualität und Zusammensetzung.

> **Merke:** *Barfen kann eine sehr gesunde und natürliche Ernährungsform für Katzen sein – aber nur, wenn es richtig gemacht wird. Wer unsicher ist, sollte die Ration immer von einem auf Katzen spezialisierten Tierernährungsberater prüfen lassen.*

## Sina und das große Fleisch-Fiasko

Ich war mir so sicher: Rohe Kaninchenohren und Hühnerfüße – das wird der absolute Knaller! Schließlich hatte ich überall gelesen, dass Katzen sowas lieben. Und Simba, Hugo und Milo freuen sich tatsächlich riesig, wenn sie rohes Fleisch zu besonderen Anlässen bekommen. Es ist fast schon ein kleines Festmahl für sie, wenn ich es ihnen hinstelle. Also dachte ich mir: Das trifft doch bestimmt auf alle meine Katzen zu. Und so habe ich voller Vorfreude diese „Delikatessen" besorgt und meinen Fellnasen serviert.

Und was ist passiert?

Amy, Zoey und Toffee kamen neugierig heran, schnüffelten kurz ... schauten mich dann an, als hätte ich ihnen einen kaputten Schuh serviert, und drehten sich einfach um. Komplett ignoriert. Keine Begeisterung, kein wildes Knabbern – nichts!

Da stand ich also mit meinen toll recherchierten „natürlichen Snacks" und sah zu, wie meine Katzen mich in Grund und Boden blamierten. Fazit: Manche Katzen lieben solche Sachen – diese drei anscheinend nicht.

Irgendwann dachte ich mir: Warum nicht nochmal versuchen, ihnen rohes Fleisch anzubieten? Doch es geschah ganz genau das Gleiche – verständnislos-schockierte Blicke, Rückwärtsgang, Blamage.

Wie das eben so ist: Nicht alle Katzen sind gleich. Amy, Zoey und Toffee ... tja, für die ist rohes Fleisch das absolut Letzte. Und bleibt es auch, wie weitere Versuche gezeigt haben. Schon wenn ich es ihnen hinhalte, drehen sie sich mit einem angewiderten Blick um, als wäre das eine grausige Strafe. Sie wollen einfach nichts davon wissen!

Man kann es eben nicht jeder Katze recht machen. Aber wenigstens haben Simba, Hugo und Milo ihren Spaß – und ich habe wieder eine wertvolle Lektion gelernt: Auch bei Katzen gibt es keinen „Einheitsgeschmack".

# Katzenleckerlis selber machen

## Lachs-Kekse

ca. 20 Minuten ca. 10-12 Stück

| Zutaten | Nährwerte pro Keks |
|---|---|
| 100 g frischer Lachs (oder ungewürzter Lachs aus der Dose) | Kalorien: ca. 30 kcal |
| 1 Ei | Fett: ca. 2 g |
| 1 TL Kokosöl | Eiweiß: ca. 3 g |
| | Kohlenhydrate: <0,5 g |

**Zubereitung:**

① Lachs pürieren, bis eine feine Masse entsteht.

② Ei und Kokosöl hinzufügen und gut vermengen.

③ Mit einem Löffel kleine Häufchen auf ein mit Backpapier belegtes Blech setzen.

④ Bei 160 °C (Ober-/Unterhitze) ca. 15 Minuten backen, bis die Kekse leicht fest sind.

⑤ Vollständig abkühlen l assen und luftdicht aufbewahren.

## Thunfisch-Leckerchen

ca. 15 Minuten ca. 2 Kugeln

| Zutaten | Nährwerte pro Kugel: |
|---|---|
| 1 Dose Thunfisch im eigenen Saft (ohne Öl, ohne Gewürze) | Kalorien: ca. 20 kcal |
| 1 Ei | Fett: ca. 1 g |
| 1 EL ungesüßtes Kartoffelpüreepulver (als Bindemittel) | Eiweiß: ca. 2 g |
| | Kohlenhydrate: ca. 1 g |

**Zubereitung:**

① Thunfisch gut abtropfen lassen.

② Mit dem Ei vermengen und das Kartoffelpulver unterrühren, bis eine formbare Masse entsteht.

③ Kleine Kugeln formen und auf ein mit Backpapier belegtes Blech legen.

④ Bei 160 °C (Ober-/Unterhitze) ca. 15 Minuten backen.

# Getrocknete Hähnchenwürfel

ca. 90 Minuten (inkl. Trocknung) ca. 20 Stück

| Zutaten | Nährwerte pro Würfel: |
|---|---|
| 1 Hähnchenbrustfilet | Kalorien: ca. 15 kcal |
| | Fett: ca. 0,5 g |
| | Eiweiß: ca. 3 g |
| | Kohlenhydrate: <0,5 g |

**Zubereitung:**

① Hähnchenfleisch in kleine Würfel schneiden.

② Auf ein mit Backpapier ausgelegtes Blech verteilen.

③ Bei 100 °C Umluft für 60-90 Minuten trocknen lassen, bis die Würfel durchgegart und fest sind.

④ Abkühlen lassen und luftdicht lagern.

## Leber-Leckerlis

ca. 20 Minuten ca. 12-15 Häufchen

| Zutaten | Nährwerte pro Stück: |
| --- | --- |
| 100 g Hühnerleber | Kalorien: ca. 25 kcal |
| 1 Ei | Fett: ca. 1 g |
| 1 EL Kartoffelflocken (z. B. ungesüßtes Kartoffelpüreepulver) | Eiweiß: ca. 3 g |
| | Kohlenhydrate: <0,5 g |

**Zubereitung:**

① Leber fein pürieren.

② Ei und Kartoffelflocken unterrühren.

③ Mit einem Teelöffel kleine Häufchen auf ein Backblech setzen.

④ Bei 160 °C ca. 15-20 Minuten backen.

## Käse-Knusperchen

ca. 20 Minuten   ca. 10-12 Stück

| **Zutaten** | **Nährwerte pro Stück:** |
|---|---|
| 50 g geriebener Käse (mild, ungewürzt, am besten laktosefrei) | Kalorien: ca. 40 kcal |
| 1 Ei | Fett: ca. 3 g |
| | Eiweiß: ca. 3 g |
| | Kohlenhydrate: ca. 1 g |

**Zubereitung:**

① Käse und Ei gründlich vermengen.

② Die Masse dünn auf ein mit Backpapier belegtes Blech streichen.

③ Bei 150 °C (Ober-/Unterhitze) backen, bis die Oberfläche knusprig ist.

④ Abkühlen lassen und in kleine Stücke brechen.

## Katzenmilch-Eiswürfel

ca. 5 Minuten (+ Gefrierzeit) ca. 6-8 Würfel

| Zutaten | Nährwerte pro Würfel: |
|---|---|
| Katzenmilch (zucker- und laktosefrei) | Kalorien: ca. 10 kcal |
| | Fett: ca. 1 g |
| | Eiweiß: ca. 1 g |
| | Kohlenhydrate: <0,5 g |

**Zubereitung:**

① Katzenmilch in eine Eiswürfelform füllen.

② Mindestens 3 Stunden tiefkühlen.

③ An heißen Tagen als kleine Erfrischung servieren.

## Auf hochwertiges Futter umstellen – aber wie?

Die Umstellung deiner Katze auf hochwertiges Futter ist entscheidend für ihre langfristige Gesundheit und kann anfangs etwas Geduld erfordern. Simba hat dir zu Anfang dieses Kapitels ja schon ein bisschen zur Ernährung erklärt, aber ich möchte dich aus Menschensicht noch umfassender informieren und dir Schritt für Schritt zeigen, wie du bei der Ernährungsumstellung vorgehen kannst, um sie für deine Katze und dich stressfrei zu gestalten. Ich habe neben meinen eigenen auch viele wertvolle Erfahrungen und Tipps von meinen Followern erhalten, die ich gerne mit dir teilen möchte.

### Warum hochwertiges Futter wichtig ist

Hochwertiges Katzenfutter zeichnet sich durch einen hohen Anteil an tierischen Proteinen aus, was für Katzen als Fleischfresser von grundlegender Bedeutung ist. Ihre Ernährung sollte sich primär an ihrer natürlichen Lebensweise orientieren, und Fleisch ist der wichtigste Bestandteil. Viele günstige Futtersorten enthalten jedoch nur 5-10% Fleisch und werden stattdessen mit Getreide, Füllstoffen oder künstlichen Zusatzstoffen angereichert, die für die Gesundheit deiner Katze schädlich sein können.

Ein hoher Fleischanteil im Futter hat gleich mehrere Vorteile: Es liefert essenzielle Nährstoffe wie Taurin, das Katzen dringend benötigen, und sorgt dafür, dass deine Katze satter wird. Dadurch braucht sie weniger Futter, um die gleiche

Nährstoffzufuhr zu erhalten, was langfristig auch kostenbewusst sein kann.

Ein weiterer wichtiger Punkt ist, dass Zucker im Futter nichts zu suchen hat. Katzen können Zucker geschmacklich nicht wahrnehmen, da sie keine Rezeptoren für Süße besitzen. Dennoch wird Zucker häufig als billiger Zusatzstoff oder Lockstoff in minderwertigem Futter verwendet. Das Problem: Zucker ist für Katzen extrem schädlich. Er kann zu Übergewicht, Zahnproblemen und langfristig zu Diabetes führen.

Achte beim Kauf von Katzenfutter also darauf, dass es keinen Zucker enthält und einen hohen Fleischanteil aufweist. Das ist nicht nur artgerecht, sondern auch besser für die Gesundheit und das Wohlbefinden deiner Katze.

### Wie klappt der Übergang?

Eine plötzliche Umstellung des Futters kann zu Magenproblemen führen, da Katzen einen empfindlichen Verdauungstrakt haben. Um die Umstellung für deine Katze so angenehm wie möglich zu gestalten, ist es wichtig, schrittweise vorzugehen. Es empfiehlt sich, das neue Futter langsam unter das alte zu mischen, sodass sich der Magen der Katze langsam an die neuen Zutaten gewöhnen kann.

Ein weiterer Tipp, den ich meinen Followern gerne weitergebe: Es ist wichtig, mehrere Marken von Katzenfutter im Vorrat zu haben. Manchmal wird Futter vom Markt genommen oder ist vorübergehend nicht verfügbar. Wenn du von Anfang an verschiedene Geschmäcker und Marken anbietest, kann deine Katze sich besser an Veränderungen anpassen. Sollte das gewohnte Futter einmal nicht erhältlich sein, kannst du auf eine andere Marke umsteigen, ohne dass es zu großen Umstellungsproblemen kommt.

### Sanfte Umstellung – so geht's

① Beginne mit einer winzigen Menge des neuen Futters – zum Beispiel einer Messerspitze – und mische es unter das gewohnte Futter.

② Steigere dann täglich den Anteil des neuen Futters, während du den Anteil des alten Futters verringerst.

So kann sich der Verdauungstrakt deiner Katze langsam an das neue Futter gewöhnen, ohne überfordert zu werden. Je nach Katze kann es unterschiedlich lange dauern, bis sie sich vollständig umgestellt hat. Manchmal braucht es mehr Geduld, da jede Katze ihre eigenen Vorlieben und Bedürfnisse hat.

### Akzeptanzprobleme lösen

Manche Katzen sind sehr wählerisch, wenn es um neues Futter geht. Eine hilfreiche Methode ist, das Futter leicht anzuwärmen, um den Geruch zu intensivieren und den Appetit deiner Katze anzuregen. Du kannst auch etwas von ihren Lieblingsleckerlis über das neue Futter streuen, um es schmackhafter zu machen. Es gibt auch viele Katzen, die Futter mit Soße bevorzugen, deshalb könnte es sich lohnen, nach einem hochwertigen Nassfutter mit Soße zu suchen.

### Flüssigkeitsversorgung im Auge behalten

Hochwertiges Nassfutter kann den Flüssigkeitsbedarf deiner Katze besser decken als Trockenfutter. Achte dennoch in jedem Fall darauf, dass immer ausreichend frisches Wasser zur Verfügung steht. Das gilt insbesondere für jene Katzenhalter, die fast nur oder ausschließlich Trockenfutter geben.

Meine Ansicht: Ich persönlich empfehle es nicht, nur Trockenfutter zu geben, da dieses Flüssigkeit entzieht. Als Snack oder zwischendurch gebe ich es trotzdem – beispielsweise lege ich das Trockenfutter gerne in das Fummelbrett, weil die Katzen so zum Spielen animiert werden und sich wunderbar beschäftigen können.

### Wasser als Trick

Wasser ist nicht nur notwendig, sondern kann auch als Trick eingesetzt werden: Wenn deine Katze das neue Futter nicht anrühren möchte, gib einen kleinen Schluck lauwarmes Wasser dazu. Das intensiviert den Geruch, was es für viele Katzen attraktiver macht, und geht einfacher als das Anwärmen des Futters. Gerade mäkelige Tiere lassen sich damit oft zum Fressen animieren. Doch auch unabhängig davon ist dieser Tipp sehr sinnvoll – denn viele Katzen trinken von Natur aus eher wenig. Durch das zusätzliche Wasser im Futter wird der Flüssigkeitshaushalt unterstützt, was insgesamt der Gesundheit zugutekommt. Diese Methode eignet sich also für jede Katze, nicht nur für wählerische Esser.

### Umstellung von Trocken- auf Nassfutter

Wenn du von Trockenfutter auf Nassfutter umstellst, ist Wasser ebenfalls ein hilfreicher Trick. Dann kannst du zunächst das Trockenfutter in Wasser einweichen – so gewöhnst du deine Katze an die weichere Textur und Feuchtigkeit, sodass sie anschließend das Nassfutter leichter akzeptiert. Eine andere Möglichkeit ist, Trocken- und Nassfutter zu mischen, wobei du den Anteil an Trockenfutter schrittweise reduzierst und entsprechend mehr Nassfutter gibst.

### Beobachte die Reaktionen

Während der Umstellung solltest du deine Katze genau beobachten. Achte auf Anzeichen wie Durchfall, Erbrechen oder verändertes Verhalten. In der Regel treten bei einer schrittweisen Umstellung keine Probleme auf, aber falls doch, kann es helfen, den Prozess langsamer zu gestalten oder eine andere Futtersorte auszuprobieren.

### Hab Geduld

Denke daran, dass jede Katze unterschiedlich ist. Manche nehmen sich einfach länger Zeit und brauchen verschiedene Futtersorten, um das richtige zu finden. Sei geduldig und beobachte, wie deine Katze auf die Umstellung reagiert. Wenn du das passende Futter gefunden hast, wird sie es sicherlich genießen und du wirst feststellen, dass sich ihre Gesundheit und ihr Wohlbefinden verbessern.

Durch diese Vorgehensweise haben schon einige meiner Follower ihren Katzen den Wechsel zu einem gesünderen Futter erleichtert. Das Ergebnis waren nicht nur weniger gesundheitliche Probleme, sondern auch ein glänzenderes Fell und eine insgesamt vitalere Katze. Diese schrittweise Umstellung hat sich als besonders effektiv herausgestellt und hat bei vielen wunderbar funktioniert, weshalb ich sie wärmstens empfehlen kann. Es ist wichtig zu verstehen, wie minderwertig viele gängige Futtersorten sind. Mit der Umstellung auf qualitativ hochwertiges Futter tun Katzenbesitzer ihren Tieren einen großen Gefallen und sorgen dafür, dass sie lange gesund und glücklich bleiben.

## Übergewicht bei Katzen: Was das für die Ernährung bedeutet

Ein weiteres wichtiges Thema, das mir persönlich sehr am Herzen liegt, ist Übergewicht bei Katzen – insbesondere, weil ich selbst einen kleinen „Problemkandidaten" zu Hause habe: du erinnerst dich vielleicht, es ist mein Kater Simba. Er neigt zur Gewichtszunahme, was allerdings auch an seinen gesundheitlichen Baustellen liegt. Simba hat HD (Hüftdysplasie), eine Fehlstellung der Hinterbeine und zusätzlich die Herzerkrankung HCM. Durch diese Einschränkungen bewegt er sich weniger als andere Katzen – was bedeutet, dass er bei gleicher Futtermenge schneller zunimmt.

### Alles andere als lustig: Online-Shaming wegen des Gewichts

Leider wird Simba in sozialen Medien oft wegen seiner Figur kritisiert – ganz gleich, welches Video man postet, die Kommentare reichen von „dicke Katze" bis zu deutlich gemeineren Bemerkungen. Zu seinem tatsächlichen Gewicht kommt hinzu, dass Britisch-Kurzhaar-Katzen und Scottish Straights optisch oft rundlicher wirken, als sie tatsächlich sind. Meine klare Meinung: Niemand sollte wegen seiner Figur (oder irgendetwas anderem) beleidigt werden. Hier wäre also mehr Bewusstsein wünschenswert.

### So klappt die Diät – trotz Einschränkungen

Simbas Gewicht ist natürlich nicht gesund, deshalb arbeiten wir daran – mit seiner eigenen speziellen Ernährung und ein paar zusätzlichen Tricks bekommt er eine effektive Diät, die auf seine Bedürfnisse zugeschnitten ist.

### Wie gehen wir das an?

- **Futterauswahl:** Ich achte bei Simbas Futter genau auf den Gehalt an Kohlenhydraten und Fett. Ein individueller Ernährungsplan hilft uns dabei, den Überblick zu behalten.
- **Portionsgröße:** Warmes Wasser im Futter hilft nicht nur beim Geruch, sondern streckt die Portion, wodurch Simba schneller ein Sättigungsgefühl entwickelt – wichtig, denn er ist eine Katze, die scheinbar nie satt wird.

- **Futterzellulose:** Ein weiterer Geheimtipp ist die Zugabe von Futterzellulose. Sie sorgt dafür, dass die Katze länger satt bleibt – ein toller Trick, den ich aus der Community übernommen habe. Wer mag, kann sich dazu auch online kurz einlesen, es gibt viele gute Erklärungen dazu.
- **Kein Trockenfutter:** Gerade während einer Diät sollte auf Trockenfutter verzichtet werden. Für Simba ist es komplett tabu.
- **Feste Fütterungszeiten:** Statt Futter rund um die Uhr bereitzustellen, bekommt Simba mehrere kleine Mahlzeiten über den Tag verteilt. Das entspricht seinem natürlichen Fressverhalten als „Häppchenfresser".
- **Leckerlis bewusst einsetzen:** Natürlich darf Simba auch mal ein Leckerli bekommen – aber dafür muss er etwas tun. Bewegung ist Pflicht! Kleine Suchspiele oder Übungen helfen dabei, ihn körperlich zu fordern.
- **Spaziergänge:** Wann immer möglich, gehen wir mit ihm raus. Auch das ist eine gute Möglichkeit, ihn auf sanfte Weise in Bewegung zu bringen.

Trotz aller Herausforderungen haben wir so mit Simba bereits über ein Kilo abgenommen – ein toller Erfolg! Jetzt fehlen noch etwa 500 Gramm bis zum Zielgewicht. Warum das so wichtig ist? Weniger Gewicht bedeutet weniger Belastung für die Gelenke – und gerade bei HD ist das essenziell.

# DAS SPEIENDE LAUFRAD - ODER NUR TOFFEES AUSSERGEWÖHNLICHE ROUTINE?

Hugo: „Toffee hat eine ziemlich verrückte Angewohnheit. Jedes Mal, wenn er gefressen hat, sprintet er direkt zu seinem Laufband, als ob er ein echter Athlet wäre. Man könnte meinen, er hat ein geheimes Fitnessziel, aber in Wirklichkeit will er sich einfach nur auspowern. Leider kommt es oft vor, dass er so in seinem Eifer überschießt, dass er das ganze Futter wieder ausspeit. Und das ist dann natürlich überall verteilt – die ganze Küche ist voll! Zum Glück ist alles abwaschbar, aber für unsere Dosenöffner ist das natürlich nicht gerade der Spaß des Tages. Trotzdem lassen sie ihn machen, weil er es wirklich liebt. Also, auch wenn das eine Sauerei ist – es gehört irgendwie zu Toffee!"

# WEIL NICHT IMMER ALLES GUT IST: WAS DU ÜBER GESUNDHEITSVORSORGE UND KRANKHEITEN VON KATZEN WISSEN SOLLTEST

Gesundheitsvorsorge und Krankheiten sind für Katzenbesitzer zwei Themen, mit denen man sich unbedingt auseinandersetzen muss. Immerhin können Katzen nicht sprechen und uns so auch nicht mitteilen, ob und was ihnen vielleicht fehlt. Daher ist eine regelmäßige Vorsorge bei Katzen von großer Bedeutung. Man merkt es als Mensch oft nicht sofort, wenn Katzen an Krankheiten leiden.

Um sicherzustellen, dass man gesundheitliche Probleme frühzeitig erkennt und behandeln lassen kann, ist es wichtig, viel Eigenverantwortung zu übernehmen. Dazu gehört, die Katzen monatlich zu wiegen, ihnen ins Maul zu schauen und ihren Kot und Urin zu überprüfen.

Besonders bei vielen Katzen im Haushalt ist es entscheidend, auch und vor allem auf kleine Veränderungen zu achten. Gute Pflege ist stets das A und O, da Katzen Meister darin sind, zu verbergen, wenn es ihnen nicht gut geht.

## Simba, sein Schwanz und das Chaos dahinter – eine ganz normale (Katzen-) Katastrophe

Auf meinen Social-Media-Kanälen zeige ich immer die Realität mit Katzen – so, wie sie wirklich ist. Ungefiltert, ehrlich, chaotisch und manchmal auch ziemlich schmerzhaft. Deshalb möchte ich dir auch in diesem Buch nicht nur Unterhaltung, sondern ehrliche Einblicke in das Leben mit Katzen geben und dabei auch die schonungslose Realität in Bezug auf Krankheiten nicht auslassen. Für mich gehört das einfach dazu. Denn während auf Instagram oft nur die süßen Kuschelfotos oder die perfekt aufgeräumten Wohnungen mit zufriedenen Fellnasen gezeigt werden, sieht man selten, was im Alltag mit Katzen wirklich alles passieren kann. Und glaubt mir: Es kann eine Menge passieren.

Bestes Beispiel: Simba.

Vor ein paar Wochen kam Simba wie gewohnt ins Wohnzimmer, sprang aufs Sofa und legte sich hin. Nichts Ungewöhnliches – bis er wieder aufstand. Ein riesiger Blutfleck blieb auf dem Stoff zurück. Ich war völlig irritiert. Erst dachte ich, mein Freund hätte sich verletzt. Aber der war gesund. Dann entdeckte ich weitere Blutflecken auf dem Boden – eine regelrechte Spur, die sich durch die ganze Wohnung zog. Ich bin den Flecken gefolgt – bis zur Fensterbank. Und dann sah ich Simba. Und seinen verletzten Schwanz.

Was genau passiert ist, wissen wir bis heute nicht. Ob er sich den Schwanz eingeklemmt hat, ob sich die Stelle entzündet hat oder ob er sie sich selbst aufgebissen hat – wir haben keine Ahnung. Fakt war: Es blutete stark, es muss höllisch wehgetan haben, und Simba zeigte – nichts. Keinen Laut, keinen Mucks. Katzen sind einfach Meister darin, Schmerzen zu verstecken.

Am nächsten Tag ging's direkt zum Tierarzt. Die Wunde wurde versorgt, ein Verband angelegt – den Simba natürlich sofort wieder entfernte. Klassischer Katzenzug. Und es sollte noch schlimmer kommen: Nach ein paar Tagen begann die Stelle wieder zu bluten. Er hatte sich ein Stück vom Schwanz regelrecht abgebissen. Wahrscheinlich war das

Gewebe bereits abgestorben – aber nun lag der Knochen frei. Und über Knochen wächst nun mal nichts mehr. Das bedeutete: Operation.

Also wurde Simba operiert – vier Zentimeter vom Schwanz mussten entfernt werden. Lieber etwas mehr wegnehmen als später eine zweite OP riskieren. Es war entzündet, es war eklig, es war teuer. Aber es war nötig. Danach trug Simba diese klassische unbequeme Plastik-Halskrause vom Tierarzt – diese Art von Modeaccessoire, die wirklich jede Katze hasst. Ich hatte zwar auch eine weiche, bequeme zu Hause – so eine süße Sonnenblumen-Halskrause –, aber die konnte er in seinem Fall leider nicht tragen.

Was dann folgte, war eine Katastrophenwoche in Dauerschleife: Simba hat sich mit der Halskrause auf sein Häufchen gesetzt – Ergebnis: Die ganze Krause war verschmiert. Er hat wegen der Medikamente erbrochen – direkt in die Halskrause. Dann ist er mit dem Ding überall hängen geblieben, konnte nichts sehen, ist gegen Möbel gerannt und sah dabei aus wie eine traurige Tischlampe mit Orientierungslosigkeit.

Und als wäre das alles nicht schon genug, hat er natürlich auch den neuen Verband wieder abgemacht. Selbst mit Halskrause. Katzen sind einfach Ninjas, wenn es darum geht, sich Dinge abzuoperieren, die sie nicht tragen wollen.

Aber: Heute geht es ihm wieder gut. Die Wunde heilt, der verkürzte Schwanz stört ihn überhaupt nicht, und ich bin einfach nur froh, dass er alles so tapfer überstanden hat. Ich erzähle diese Geschichte nicht, um Mitleid zu bekommen, sondern um zu zeigen: Sowas kann jedem passieren. Auch bei reinen Wohnungskatzen.

Viele denken immer, dass nur Freigänger in solche Situationen kommen – aber das ist ein Trugschluss. Auch in den eigenen vier Wänden lauern Gefahren: Heizungen, Fenster, Schränke, Balkone, Spielsachen. Und Katzen sind schnell, neugierig – und manchmal einfach unvorsichtig.

Ein weiteres Beispiel? Zoey. Sie hat sich mal eine Kralle ausgerissen – wie und wo genau, wissen wir nicht. Vermutlich an der Heizung hängen geblieben. Auch da: Blut überall, Verband, Drama. Zum Glück ist die Kralle wieder nachgewachsen, aber es war ebenfalls eine dieser Situationen, auf die man nicht vorbereitet ist – und die trotzdem zum Alltag mit Katzen gehören.

## Hugo und ein Virus mit ungeahnten Folgen

Noch ein Beispiel für eine unvorhergesehene Katastrophe: Vor etwa zwei Jahren habe ich Hugo aus einer Zucht gekauft und schon kurz nach seiner Ankunft hat er angefangen zu husten – wahrscheinlich durch den Stress des Transports, dachte ich mir, ging dann aber doch mit ihm zum Tierarzt. Bei der Untersuchung wurde festgestellt, dass er das Calicivirus hat. Das ist so eine Art Virus, ähnlich wie Herpes, das bei vielen Katzen vorkommt, aber nicht bei allen ausbricht, besonders wenn ihr Immunsystem stark ist.

Nebenbei stellte sich heraus, dass etwas mit seinen Zähnen nicht stimmte – er hatte heftigen Mundgeruch und starke Zahnfleischentzündungen, und die Tierärztin hat uns zu einem Spezialisten überwiesen.

Es kam zu einer Operation, bei der 17 Zähne entfernt wurden. Ich war geschockt, dass so viele Zähne betroffen waren und raus mussten. Und ich habe anschließend alles versucht, um die zweite Operation zu vermeiden – doch Pasten, Zähneputzen, alles half leider nichts. Die zweite OP war unausweichlich – und da wurden Hugo die restlichen Zähne entfernt.

Aber er hat das gut überstanden und konnte bald wieder normal essen, sogar Trockenfutter, ohne dass es breiig gemacht werden musste. Es geht ihm nun sogar deutlich besser. Inzwischen hat er zugenommen, sein Zahnfleisch ist jetzt wieder gesund und hellrosa. Er kommt gut ohne Zähne zurecht, Katzen sind da wirklich erstaunlich anpassungsfähig.

Was besonders überraschend und zugleich alarmierend ist: Hugo hat trotz seiner Zahnprobleme ganz normal weitergefressen. Mir ist es daher gar nicht aufgefallen, dass er Probleme mit seinen Zähne hatte. Hätte ich nicht in sein Maul geschaut oder wäre mir der Geruch nicht aufgefallen, hätten wir es auch nicht bemerkt und alles wäre vielleicht ganz anders gekommen. Das zeigt einmal mehr, wie wichtig es ist, dass man den gesamten Zustand der Katzen immer kontrolliert – und insbesondere die Zähne auch regelmäßig durchchecken lässt. Man sieht das wirklich nur mit Hilfe eines Spezialisten und durch Dentalröntgen.

Das Einzige, worüber ich mir jetzt noch Sorgen mache, ist ein Pigmentfleck (Irismelanom) in Hugos Auge, der regelmäßig kontrolliert werden muss. Er könnte sich dunkler entwickeln und im schlimmsten Fall müsste sogar das Auge entfernt werden.

Ich bin echt dankbar für die Unterstützung der Katzen-Community. Viele haben mir wertvolle Hinweise gegeben, was ich tun konnte, und ich konnte schnell handeln, als es nötig war. Das zeigt wirklich, wie wichtig regelmäßige Tierarztbesuche sind, um Gesundheitsprobleme frühzeitig zu erkennen und zu behandeln. Heute geht es Hugo gut, er hat keine Probleme beim Essen und genießt sein Leben trotz allem.

## Irismelanom bei Katzen

*Das Irismelanom ist eine seltene, aber gefährliche Form von Krebs, die die Iris des Auges von Katzen betrifft. Diese Erkrankung gehört zu den malignen Tumoren und entsteht aus Melanozyten, den Zellen, die das Pigment Melanin produzieren. Während Irismelanome bei Menschen häufig vorkommen, sind sie bei Katzen relativ selten, aber ihre Auswirkungen können gravierend sein.*

## Ursachen und Risikofaktoren

Die genauen Ursachen für die Entstehung von Irismelanomen bei Katzen sind nicht vollständig bekannt. Dennoch gibt es einige Risikofaktoren, die das Auftreten dieser Erkrankung begünstigen können:

- **Helle Fellfarbe:** Katzen mit hellem oder geflecktem Fell, insbesondere solche mit blauen Augen, scheinen ein höheres Risiko zu haben.
- **Alter:** Ältere Katzen sind tendenziell anfälliger für die Entwicklung von Tumoren, einschließlich Irismelanomen.
- **UV-Exposition:** Katzen, die viel Zeit im Freien verbringen und übermäßiger Sonneneinstrahlung ausgesetzt sind, können ein höheres Risiko für die Entwicklung von Melanomen aufweisen.

**Symptome**

Irismelanome können zunächst asymptomatisch sein, was die frühzeitige Erkennung erschwert. Zu den möglichen Symptomen können jedoch gehören:

- Veränderung in der Farbe oder Form der Iris
- Schwellungen oder Knoten auf der Iris
- Augenschmerzen oder Unbehagen, was sich durch vermehrtes Blinzeln äußern kann
- Veränderungen im Sehvermögen, wie zum Beispiel Schwierigkeiten beim Fokussieren oder Lichtempfindlichkeit
- Tränenfluss oder Augenausfluss

**Diagnose**

Die Diagnose eines Irismelanoms erfolgt in der Regel durch eine gründliche augenärztliche Untersuchung durch einen Tierarzt. Dies kann die Verwendung von speziellen Instrumenten zur Betrachtung der Iris und eine Überprüfung des Auges auf Anomalien umfassen. Bildgebende Verfahren wie Ultraschall können ebenfalls eingesetzt werden, um das Ausmaß des Tumors zu bestimmen.

**Behandlung**

Die Behandlung von Irismelanomen bei Katzen hängt von der Größe und dem Stadium des Tumors ab. Mögliche Behandlungsoptionen sind:

- **Chirurgische Entfernung:** In vielen Fällen kann der Tumor operativ entfernt werden. Dabei wird in der Regel versucht, so viel gesunde Iris wie möglich zu erhalten.
- **Strahlentherapie:** Diese kann eingesetzt werden, wenn der Tumor nicht operativ entfernt werden kann, oder als ergänzende Behandlung nach der Operation.
- **Chemotherapie:** In fortgeschrittenen Fällen oder wenn der Tumor metastasiert, kann eine Chemotherapie in Betracht gezogen werden.

**Prognose**

Die Prognose für Katzen mit Irismelanom hängt von verschiedenen Faktoren ab, darunter das Stadium des Tumors und ob er metastasiert ist. Die frühzeitige Erkennung und Behandlung sind entscheidend für die Verbesserung der Überlebenschancen. Es ist deshalb wichtig, regelmäßige tierärztliche Untersuchungen durchzuführen, um Veränderungen in den Augen der Katze frühzeitig zu erkennen und entsprechende Maßnahmen zu ergreifen.

Hugo: „Als ich hier ankam, war alles neu und aufregend, aber auch ein bisschen beängstigend. Ich musste husten, und meine Zähne taten weh. Der Tierarzt sagte, dass ich dieses Calicivirus habe, das wohl viele Katzen haben, aber nicht immer ausbricht. Ich hatte wirklich starke Zahnfleischschmerzen, und dann musste ich zweimal operiert werden. Beim ersten Mal wurden so viele Zähne entfernt, dass ich dachte, ich könnte nie wieder normal essen. Aber wisst ihr was? Ich habe mich schnell daran gewöhnt, ohne Zähne zu kauen.

Nach der zweiten OP ging es mir viel besser. Mein Zahnfleisch ist wieder gesund, und ich fühle mich viel stärker. Ja, ich habe jetzt diesen Pigmentfleck im Auge, der manchmal kontrolliert werden muss, aber das macht mir keine Angst. Ich habe gelernt, dass ich mich auf meine Menschen und die Tierärzte verlassen kann, die immer gut auf mich aufpassen."

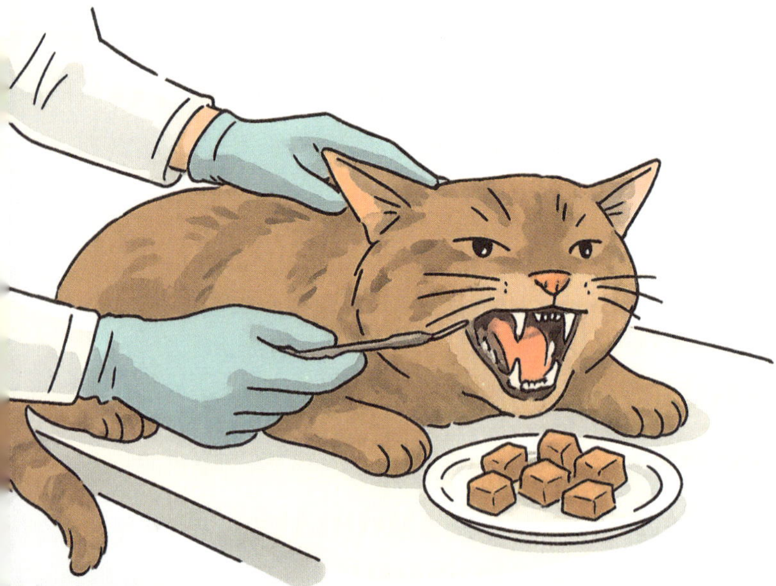

**Wissenswertes zum Calicivirus**

- Das Calicivirus ist eine häufige Viruserkrankung bei Katzen.
- Es ähnelt in seiner Verbreitung und Symptomatik dem Herpesvirus.
- Viele Katzen tragen das Virus latent in sich, ohne Symptome zu zeigen.
- Bei manchen Katzen kann das Calicivirus zu schweren Atemwegsinfektionen und Mundhöhlenentzündungen führen.
- Durch Impfungen und eine gute Hygiene kann die Krankheit kontrolliert und teilweise verhindert werden.
- Das Virus kann von Geburt an in der Katze drinstecken. Möglicherweise hatte es auch die Mutter schon, wodurch es übertragen worden sein könnte.

## Amy, Milo und FORL

Amy: „Wusstest du, dass etwa 80-90% aller Katzen an Zahnproblemen leiden? Das ist eine alarmierende Zahl, die viele Katzenbesitzer oft nicht wahrnehmen. Viele Menschen schauen selten ins Maul ihrer Katzen, sodass mögliche Probleme unbemerkt bleiben. Obwohl die Katzen weiterhin normal fressen, können schmerzhafte Zahnerkrankungen oder Entzündungen bereits fortgeschritten sein. Deshalb ist es wichtig, regelmäßig die Zähne deiner Katze zu überprüfen und bei Anzeichen von Unwohlsein oder Veränderungen im Fressverhalten einen Tierarzt aufzusuchen. So kannst du sicherstellen, dass dein Vierbeiner ein gesundes und schmerzfreies Leben führt.

Bei uns im Haus haben wir vier Katzen, und wir hatten alle irgendwann mit Zahnproblemen zu kämpfen. Das ist bei Katzen gar nicht so einfach zu merken, weil wir oft nichts zeigen, wenn etwas nicht stimmt. Bei mir hat es angefangen mit gerötetem Zahnfleisch und dann wurde bei mir FORL diagnostiziert. Das ist so ähnlich wie Karies und führt zu Löchern in der Nähe des Zahnfleischs. Leider sitzen diese Löcher oft an den Wurzeln, weshalb sie nicht gesehen werden. Daher ist das Dentalröntgen wichtig, da es mit bloßem Auge nicht erkennbar ist. Schließlich mussten zwei meiner Zähne gezogen werden, einer war sogar schon abgebrochen.

Diese Krankheit schreitet jedes Jahr weiter voran, deshalb ist es echt wichtig, dass wir regelmäßig zum Tierarzt gehen und unsere Zähne kontrollieren lassen. Manche von uns haben nur kleine Löcher in der Wurzel, die aber richtig wehtun können, je nachdem, wie weit die Krankheit fortgeschritten ist. Und wisst ihr, das hat nichts mit mangelnder Pflege zu tun, es ist einfach genetisch bedingt.

Auch Milo hatte das gleiche Problem wie ich, er hatte auch FORL. Das zeigt, wie wichtig es ist, dass unsere Menschen aufmerksam sind und uns regelmäßig untersuchen lassen. Toffee hatte dagegen starken Zahnstein und musste deshalb operiert werden, aber zum Glück war danach alles okay.

Zahnstein ist übrigens auch so ein Ding, das andere Zahnerkrankungen fördern kann. Deshalb ist es echt gut, wenn unsere Menschen uns die Zähne putzen oder uns spezielles Futter geben, das hilft, den Zahnstein zu verhindern. Auch wenn Hugo sich mit seinen fehlenden Zähnen arrangiert hat – es ist einfach wichtig, dass wir Katzen gesunde Zähne haben, damit wir uns wohlfühlen können!"

**FORL (Feline odontoclastic resorptive lesions) und Zahnstein**

- FORL ist eine häufige Zahnkrankheit bei Katzen, bei der Zähne durch körpereigene Prozesse resorbiert werden.
- Die genaue Ursache von FORL ist nicht vollständig verstanden, aber genetische Faktoren spielen eine Rolle.
- FORL verursacht schmerzhafte Läsionen nahe dem Zahnfleischrand, die oft zu Zahnverlust führen.
- Zahnstein ist eine Ablagerung von Mineralien und Bakterien auf den Zähnen, die zu Zahnfleischentzündungen und Zahnverlust führen kann.
- Regelmäßige Zahnkontrollen beim Tierarzt und eine gute Zahnpflege zu Hause sind wichtig, um FORL und Zahnstein frühzeitig zu erkennen und zu behandeln.

## Interview: „Miau-Talk mit Hugo" – Kater Hugo im Gespräch mit einem Experten zum Thema „Virusarten bei Katzen"

Hugo: „Hier ist Hugo. Heute spreche ich über ein Thema, das für uns Stubentiger von großer Bedeutung ist: Viren. Was sind das für kleine Biester, die uns krank machen können, und wie können wir uns schützen? Dafür habe ich einen Experten eingeladen. Hallo Experte, schön, dass du hier bist!"

Experte: „Hallo Hugo, danke für die Einladung! Es freut mich, dass du dieses wichtige Thema ansprichst. Viren können Katzen auf unterschiedliche Weise schädigen, aber mit der richtigen Vorsorge und Behandlung kann man euch oft schützen."

Hugo: „Also, Viren ... klingt ja schon fast ein bisschen unheimlich. Aber was für Virusarten gibt es denn, die Katzen betreffen?"

Experte: „Es gibt eine ganze Reihe von Viren, die Katzen infizieren können. Zu den bekanntesten gehören die Erreger des Katzenschnupfenkomplexes: insbesondere das Felines Herpesvirus – FHV-1 – und das Feline Calicivirus – FCV. Außerdem das Feline Immundefizienzvirus, kurz FIV, das umgangssprachlich ‚Katzenaids' genannt wird, sowie das Feline Coronavirus, das in seiner mutierten Form die FIP – Feline infektiöse Peritonitis – auslöst. Ebenfalls wichtig: das Feline Panleukopenievirus, auch bekannt als Katzenseuche – ein sehr gefährlicher Erreger. Jede dieser Viruserkrankungen hat unterschiedliche Symptome und erfordert eine eigene Behandlung."

Hugo: „Miau, das hört sich ganz schön fies an! Welche Symptome sollten meine Dosenöffner denn bei uns Katzen beobachten?"

Experte: „Das hängt vom jeweiligen Virus ab. Katzenschnupfen zeigt sich meist durch Niesen, Nasen- und Augenausfluss, manchmal auch Fieber oder Appetitlosigkeit. Bei FIV kommt es oft zu chronischen Infektionen, Zahnfleischentzündungen und einer generellen Schwächung des Immunsystems. FIP ist besonders tückisch, da sie schleichend verläuft und oft erst spät erkannt wird – Symptome können Flüssigkeitsansammlungen im Bauch oder Brustkorb, Fieber oder neurologische Auffälligkeiten sein. Die Katzenseuche beginnt häufig plötzlich mit hohem Fieber, Erbrechen und starkem Durchfall – sie ist hochansteckend und ohne schnelle Behandlung oft tödlich."

Hugo: „Oje, das klingt wirklich schlimm. Aber wie können wir uns vor diesen fiesen Viren schützen?"

Experte: „Ein guter Schutz ist vor allem durch Hygiene, Vorsicht und regelmäßige Gesundheitschecks möglich. Besonders wichtig sind regelmäßige Tierarztbesuche und eine stabile Gesundheitsvorsorge. Zudem sollten Katzen, die draußen unterwegs sind, immer gut beobachtet werden, da sie einem höheren Risiko ausgesetzt sind, sich anzustecken."

Hugo: „Also, auf uns achtgeben und regelmäßig zum Tierarzt gehen! Was passiert aber, wenn eine Katze sich trotzdem ansteckt?"

Experte: „Wenn sich eine Katze mit einem Virus ansteckt, ist es wichtig, sofort den Tierarzt aufzusuchen. Bei einigen Viren wie dem Katzenschnupfen kann eine frühzeitige Behandlung mit Medikamenten helfen, die Symptome zu lindern und die Heilung zu beschleunigen. Bei anderen, wie dem FIV, gibt es keine Heilung, aber die Symptome können mit einer gezielten Behandlung gemildert werden, sodass die Katze ein gutes Leben führen kann."

Hugo: „Das ist beruhigend zu wissen, dass es bei vielen Viren Möglichkeiten zur Behandlung gibt. Aber kann jede Katze an diesen Viren erkranken oder gibt es Risikogruppen?"

Experte: „Alle Katzen können sich mit Viren anstecken, aber besonders gefährdet sind Katzen, die viel draußen sind, in Tierheimen leben oder einen schwächeren Gesundheitszustand haben. Auch unkastrierte Katzen oder solche mit einem geschwächten Immunsystem, wie ältere oder kranke Katzen, haben ein höheres Risiko."

Hugo: „Also, es ist wirklich wichtig, auf uns aufzupassen und regelmäßig zum Tierarzt zu gehen. Eine letzte Frage: Was können meine Dosenöffner tun, wenn sie wissen, dass eine Katze in ihrer Nähe krank ist?"

Experte: „Wenn eine Katze in der Nähe krank ist, ist es wichtig, den Kontakt zu ihr zu meiden, besonders wenn es sich um ansteckende Viren handelt. Ein Besuch beim Tierarzt sollte sofort erfolgen, um eine Diagnose zu stellen und gegebenenfalls die notwendige Behandlung zu beginnen. Zudem sollten alle Katzen in einem Haushalt regelmäßig gecheckt werden, um die Ausbreitung von Viren zu verhindern."

Hugo: „Vielen Dank für diese hilfreichen Informationen! Also, liebe Katzenfreunde, passt gut auf euch auf, bleibt gesund und denkt daran, regelmäßig zum Tierarzt zu gehen. Miau, bis zum nächsten Mal!"

Experte: „Gern geschehen, Hugo! Es war mir eine Freude. Und an alle Katzenhalter: Denkt daran, dass Vorbeugung oft der beste Schutz ist. Achtet auf die Gesundheit eurer Katzen und sorgt für eine regelmäßige Überprüfung."

**FIP – Früher ein Todesurteil, heute behandelbar**

*Feline Infektiöse Peritonitis (FIP) war lange Zeit eine gefürchtete Diagnose, denn die Krankheit galt als unheilbar. Sie wird durch eine Mutation des Felinen Coronavirus ausgelöst und führt je nach Form zu schweren Entzündungen im Körper, Flüssigkeitsansammlungen im Bauch oder Brustraum und oft zu einem schnellen Krankheitsverlauf.*

**Doch heute gibt es Hoffnung:** Mittlerweile existieren wirksame Medikamente, die betroffenen Katzen helfen können. Die Behandlung ist zwar noch nicht offiziell zugelassen, aber viele Katzenhalter berichten von beeindruckenden Heilungserfolgen. Deshalb sollte man bei einer FIP-Diagnose nicht sofort ans Einschläfern denken, sondern sich über die neuen Therapiemöglichkeiten informieren und eine zweite Meinung einholen.

**Ursachen:**

- Ausgelöst durch eine Mutation des Felinen Coronavirus (FCoV)
- Ansteckung erfolgt über infizierten Kot, meist in Mehrkatzenhaushalten
- Stress, geschwächtes Immunsystem oder genetische Veranlagung begünstigen die Mutation

**Symptome:**

**Feuchte (exsudative) FIP:**

- Flüssigkeitsansammlungen im Bauch oder Brustraum → Atemnot, aufgeblähter Bauch
- Fieber, das auf Antibiotika nicht anspricht
- Appetitlosigkeit, Abgeschlagenheit

**Trockene (nicht-exsudative) FIP:**

- Entzündungen in verschiedenen Organen (z. B. Leber, Nieren, Augen, Gehirn)
- **Neurologische Symptome:** Zittern, Gleichgewichtsstörungen, Krampfanfälle
- **Augenerkrankungen:** Entzündete, trübe oder veränderte Augen

**Behandlung:**

**Medikamentöse Therapie:** Es gibt mittlerweile effektive antivirale Medikamente (GS-441524 und ähnliche Präparate), die den Verlauf stoppen und betroffene Katzen heilen können. Diese Therapie ist zwar noch nicht offiziell zugelassen, wird aber weltweit erfolgreich angewendet.

**Unterstützende Maßnahmen:**

- ✔ Stärkung des Immunsystems durch hochwertige Ernährung und stressfreie Umgebung
- ✔ Regelmäßige tierärztliche Kontrollen zur Überwachung der Behandlung
- ✔ Flüssigkeits- und Schmerztherapie, wenn nötig

**Wichtig:** *Eine FIP-Diagnose ist heute kein Todesurteil mehr! Wer eine betroffene Katze hat, sollte sich unbedingt über die neuen Therapiemöglichkeiten informieren und mit einem erfahrenen Tierarzt oder einer FIP-Selbsthilfegruppe sprechen.*

## Herpes-Alarm bei allen Katzen

Toffee: „Als bei Amy nach ihrer OP plötzlich das Niesen anfing, dachte Sina zuerst, es läge an der Narkose. Doch am nächsten Tag fing die nächste Katze an, und dann noch eine, bis schließlich alle gegenseitig angesteckt waren. Sina war besorgt und suchte Rat bei einer Freundin, die Züchterin ist und gute Tipps geben konnte.

Die Symptome waren vielfältig – einige Katzen wollten nicht mehr fressen, andere niesten und alle schienen irgendwie schlapp. Während Sina auf einem Konzert war, hielt ihre Mama sie über alles auf dem Laufenden, da sie kaum Internet hatte. Ein Gespräch mit der Tierarzthelferin an einem späten Wochenendabend war dann der Anstoß zur Tierklinik."

Sina: „Bevor ich zum Konzert ging, haben die Katzen nur etwas geniest. Sonst ging es ihnen gut und ich machte mir keine großen Gedanken über das Niesen. Später sollte ich dann erfahren, dass alles ganz anders war. Wahrscheinlich kennt ihr auch solche Situationen. Erst ist alles gut und dann, wenn ihr mal unterwegs seid, es Sonntag oder gar Feiertag ist, dann passieren plötzlich die schlimmsten Dinge oder den Katzen geht es ganz plötzlich schlecht. Man geht mit einem guten Gewissen auf ein Konzert und plötzlich ist alles ganz anders."

Toffee: „Sinas Mama und ihre Schwester brachten Hugo und Zoey zur Klinik, beide hatten verstopfte Nasen, aßen nicht mehr richtig und mussten sogar durch den Mund atmen. In der Klinik wurde Fieber festgestellt und sie bekamen sofort

Antibiotika. Das Herpesvirus war der Verdächtige, doch die endgültige Bestätigung kam erst, als Sina am nächsten Tag zurück war und Abstriche gemacht wurden.

Amy, Hugo und Zoey hatten Fieber, husteten Schleim und waren einfach schwach. Das Virus kann immer wieder ausbrechen und ist nicht heilbar. Zum Glück hatte es Simba, Milo und mich nicht so schlimm erwischt, wir bekamen aber auch Medikamente. Für Sina war es sehr belastend, alle Katzen auf einmal zu versorgen, besonders da einige Atemnot hatten.

Es musste bei allen mit Kochsalzlösung inhaliert und Flüssignahrung durch Spritze verabreicht werden. Hugo brauchte sogar ein Mittel, um seinen Futterreiz anzuregen. Amy und Zoey hatten so stark gereizte Atemwege, dass sie sogar Blut niesten. Das war wirklich alles nicht schön.

Diese Zeit zeigte Sina, wie viel Verantwortung und auch Kosten mit mehreren Katzen verbunden sind. Man muss immer Geld zurücklegen, denn Krankheiten können immer kommen. Zum Glück haben wir alle die schwere Zeit überstanden und sind seitdem gesund geblieben."

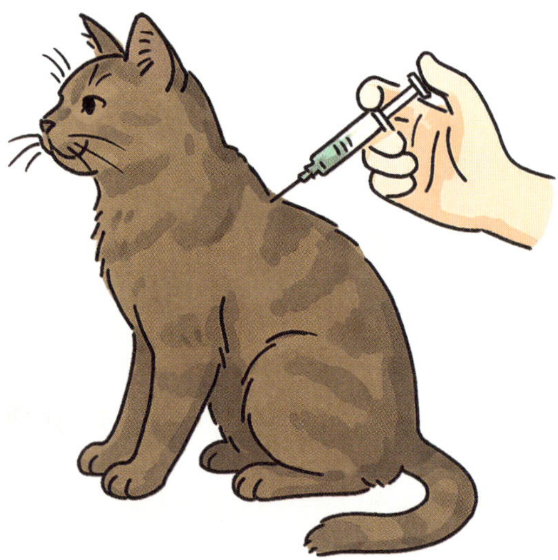

**Herpesvirus bei Katzen**

- Herpesvirus bei Katzen ist weit verbreitet.
- Es verursacht typischerweise Atemwegsinfektionen und kann Augenentzündungen auslösen.
- Symptome können Niesen, Husten, tränende Augen und Nasenausfluss umfassen.
- Katzen können lebenslang latent infiziert sein und bei Stress oder Immunschwäche kann es wieder ausbrechen.
- Es ist hochansteckend und verbreitet sich durch direkten Kontakt.
- Es gibt keine Heilung, aber Symptome können mit antiviralen Medikamenten und unterstützender Therapie behandelt werden.
- Regelmäßige Impfungen können helfen, schwere Verläufe zu verhindern.
- Infizierte Katzen sollten isoliert und stressfrei gehalten werden, um Ausbrüche zu minimieren.

## Simba und seine HCM-Diagnose

Simba: „Vor etwa drei Jahren begann ich, manchmal zu hecheln, was meine Freundin Sina sehr beunruhigte. Sina hat eine Freundin, die selbst Züchterin von Katzen ist. Diese riet ihr, mich untersuchen zu lassen, um sicherzugehen, dass alles in Ordnung ist.

Sina entschied sich, keine Zeit zu verlieren, und fuhr sofort mit uns allen zu einem Spezialisten, der die nötigen Geräte hatte. Obwohl sie damals noch sehr unerfahren war – ich war ihre erste Katze, sie kaufte mich bei einem sogenannten Vermehrer, also jemandem, der kein einziges Papier für uns Katzen hat – wollte sie sicherstellen, dass wir alle gesund sind. Ich bin ein Scottish Straight, und diese Rasse hat leider eine höhere Wahrscheinlichkeit für HCM (Hypertrophe Kardiomyopathie), eine erbliche Herzkrankheit.

Du willst wissen, was das ist? Dann schau in die Infobox. Dort wird das Wichtigste zusammengefasst.

Nun aber wieder zu mir. Zwei Stunden Autofahrt standen an, da der Kardiologe nicht in der Nähe ansässig ist. Ich muss gestehen, dass ich Autofahren in einer geschlossenen Box überhaupt nicht mag."

Sina: „Ja, das kann ich bestätigen. Wenn er in einer geschlossenen Box im Auto mitfahren muss, macht er mir das lautstark klar. Simba darf daher mit Geschirr in einer offenen Box mitfahren. Die Box ist zudem mit einem normalen Anschnallgurt gesichert. So findet er es voll cool und seine Welt ist in Ordnung. Andernfalls würde er so lange schreien, bis ich ihn aus der Box befreie, und sogar versuchen, diese kaputt zu bekommen."

Simba: „Die Fahrt zum Kardiologen war für mich ein Alptraum, und ich schrie die ganze Zeit, wahrscheinlich zum Leid aller anderen.

Als wir ankamen, ging es direkt zur Untersuchung. Dabei stellte der Kardiologe fest, dass ich nur eine leichte Form von HCM habe. Seitdem muss ich regelmäßig zu Kontrolluntersuchungen. Immerhin muss überprüft werden, wie sich die Erkrankung verhält. Die gute Nachricht ist, dass sich die Krankheit in den ganzen vier Jahren seit der Diagnose nur leicht verschlechtert hat. Sina fährt mit mir seitdem wirklich regelmäßig zum Kardiologen. Durch die Medikamente und die regelmäßigen Arztbesuche bin ich daher auf der sicheren Seite.

Viele Katzen zeigen kaum Symptome, wenn sie an HCM leiden, was die Diagnose schwierig macht. Nicht alle hechelnden Katzen haben eine Herzkrankheit, aber es ist dennoch wichtig, regelmäßig zur Vorsorge zu gehen. Unter anderem hechelt mein Freund Toffee auch immer, vor allem im Sommer. Sina hat das natürlich beim Arzt abklären lassen. Er hechelt nur, weil er ziemlich schnell schwitzt. Durch das Hecheln kann er sich wunderbar abkühlen.

Dank meiner Medikamente und dem schnellen Handeln von Sina kann ich ein gutes Leben führen, obwohl ich die Medizin mein ganzes Leben lang nehmen muss. Zum Glück bin ich gut eingestellt, und im Moment geht es mir wirklich gut.

Die anderen Katzen, also meine fünf Freunde, mit denen

ich bei Sina in einer WG lebe, hatten keine gesundheitlichen Probleme, obwohl Sina besonders bei Amy Angst hatte, da auch sie nicht von einem Züchter stammte. Während die anderen Katzen nur alle zwei bis drei Jahre zum Kardiologen gehen müssen, muss ich jedes Jahr zur Kontrolle.

Darum sei dir gesagt: Ein Haustier zu haben, braucht Verantwortung und Geld. Jedes Haustier kostet Geld, aber wir schenken unseren Menschenfreunden für die gute Pflege und Vorsorge auch viel Liebe. Sina kümmert sich liebevoll um uns und sorgt dafür, dass wir gesund und glücklich sind. Ich bin froh, dass sie so aufmerksam ist und uns die beste Pflege bietet."

Sina: „Ja, ein Haustier zu haben, ist etwas Wundervolles. Sie schenken uns so viel Liebe und Freude im Leben. Man könnte meinen, dass dies das Wichtigste sei. Ist es auch, doch trotzdem sollte man nie außer Acht lassen, dass Tiere Zeit, Liebe, Geld und gute Pflege brauchen, wenn wir Menschen ihnen ein wunderbares Leben schenken möchten."

**HCM = Hypertrophe Kardiomyopathie**

- **Definition:** HCM ist eine Erkrankung des Herzmuskels, bei der sich die Wände der linken Herzkammer verdicken.
- **Ursache:** Die genaue Ursache ist oft unbekannt, kann aber genetisch bedingt sein. Bestimmte Rassen wie Maine Coon, Ragdoll und Scottish Fold sind besonders anfällig.
- **Symptome:** Atembeschwerden, Lethargie, Appetitlosigkeit, Ohnmachtsanfälle, plötzlicher Tod.
- **Diagnose:** Die Diagnose erfolgt durch eine Kombination aus klinischer Untersuchung, Röntgen, Ultraschall (Echokardiographie) und EKG.
- **Prognose:** Die Prognose variiert je nach Schweregrad der Erkrankung und dem Ansprechen auf die Behandlung.
- **Behandlung:** Es gibt keine Heilung, aber Medikamente können Symptome lindern und die Herzfunktion unterstützen. Zu den Medikamenten gehören Betablocker, Kalziumkanalblocker und Diuretika.
- **Lebensqualität:** Regelmäßige tierärztliche Kontrollen und eine angepasste Medikation können die Lebensqualität verbessern.

- **Management:** Reduzierung von Stress, Bereitstellung einer ruhigen Umgebung und Vermeidung von Überanstrengung sind wichtig.
- **Fütterung:** Eine ausgewogene Ernährung und gegebenenfalls spezielle Herzdiäten können zur Unterstützung der Herzgesundheit beitragen.
- **Vorbeugung:** Es gibt keine spezifische Vorbeugung, aber regelmäßige Gesundheitschecks, besonders bei gefährdeten Rassen, können frühzeitig auf Probleme hinweisen.

## Bauchspeicheldrüseninsuffizienz bei Milo

Milo: „Auch ich habe eine chronische Krankheit. Ich leide an einer Bauchspeicheldrüseninsuffizienz, was bedeutet, dass meine Bauchspeicheldrüse nicht richtig funktioniert und ich deswegen nicht richtig verdauen kann. Obwohl ich immer richtig gegessen habe und nie erbrach, habe ich dennoch 500 Gramm relativ schnell abgenommen. Sina ist in den sozialen Netzwerken mit uns Katzen sehr bekannt geworden. Einigen ihrer Follower fiel auf, dass ich sehr schmal aussah, was sie ihr auch direkt schrieben. Auch sie bemerkte dies und begann, meinen Kot genau anzuschauen. Mein Kot sah komisch aus – breiig und gelb, und wie riesige Würste. Sina machte davon Fotos und zeigte sie der Tierärztin.

Diese führte einige Tests und ein Blutbild durch, und es stellte sich heraus, dass ich eine starke Bauchspeicheldrüsenentzündung hatte. Ich bekam sofort Medikamente, damit die Entzündung behandelt werden konnte. Leider zeigte ein spezieller Test, dass sich meine Bauchspeicheldrüse nicht erholt hatte. Jetzt muss ich mein Leben lang Almazym nehmen, damit ich besser verdauen kann. Zum Glück ist die Entzündung weg, aber die Insuffizienz bleibt für immer."

**Bauchspeicheldrüseninsuffizienz**

*Bauchspeicheldrüseninsuffizienz (Exokrine Pankreasinsuffizienz, EPI) ist eine Erkrankung, bei der die Bauchspeicheldrüse nicht genügend Verdauungsenzyme produziert, um die Nahrung vollständig zu verdauen. Diese Erkrankung tritt häufig bei Katzen (und Hunden) auf und kann durch verschiedene Ursachen bedingt sein, darunter chronische Pankreatitis, Mukoviszidose, Tumore oder auch nach chirurgischen Eingriffen.*

**Ursachen:**

- **Chronische Pankreatitis:** Entzündung der Bauchspeicheldrüse, die ihre Funktion beeinträchtigt.
- **Mukoviszidose:** Eine genetische Erkrankung, die die Sekretion von Verdauungsenzymen beeinträchtigt.
- **Tumore:** Tumore in der Bauchspeicheldrüse können deren Funktion stören.

- **Chirurgische Eingriffe:** Operationen an der Bauchspeicheldrüse oder im Bauchbereich können ebenfalls zu einer Insuffizienz führen.

**Symptome:**

- **Durchfall:** Oft in Verbindung mit fettigen, übelriechenden Stühlen.
- **Fettstühle:** Stühle, die durch eine unzureichende Verdauung von Fetten entstehen.
- **Gewichtsverlust:** Trotz normaler oder erhöhter Futteraufnahme.
- **Blähungen:** Häufige und unangenehme Gasbildung im Bauch.
- **Bauchschmerzen:** Der Magen-Darm-Trakt kann schmerzhaft reagieren.

**Diagnose:**

- **Stuhltests:** Zur Bestimmung von unverdaulichen Nahrungsbestandteilen.
- **Bluttests:** Um die Konzentration von Verdauungsenzymen im Blut zu messen.
- **Ultraschall und CT:** Um strukturelle Veränderungen der Bauchspeicheldrüse oder andere Erkrankungen auszuschließen.

**Behandlung:**

- **Enzymsubstitution:** Verdauungsenzyme werden durch Nahrungsergänzungsmittel zugeführt, um die Verdauung zu unterstützen.
- **Vitamin- und Mineralstoffsupplementierung:** Zur Vermeidung von Nährstoffmängeln.

**Ernährung:**

- **Fettarme, kohlenhydratreiche Diät:** Diese hilft, die Verdauung zu erleichtern und die Bauchspeicheldrüse zu entlasten.
- **Kleine, häufige Mahlzeiten:** Reduziert die Belastung des Verdauungssystems und sorgt für eine gleichmäßige Nährstoffaufnahme.

**Lebensqualität:**

Mit einer geeigneten Behandlung und einer angepassten Ernährung kann die Lebensqualität mit Bauchspeicheldrüseninsuffizienz deutlich verbessert werden.

**Komplikationen:**

- **Mangelernährung:** Aufgrund der unzureichenden Verdauung kann es zu Nährstoffmängeln kommen.
- **Vitaminmangel:** Besonders die Vitamine A, D, E und K sind oft betroffen.
- **Osteoporose:** Mangelernährung und Vitaminmangel können zu Knochenschwäche führen.

**Bauchspeicheldrüsenentzündung (Pankreatitis)**

*Pankreatitis ist eine Entzündung der Bauchspeicheldrüse, die sowohl akut als auch chronisch auftreten kann. Sie beeinflusst die Verdauungsfunktionen und die Produktion von Verdauungsenzymen.*

**Ursachen:**

- Fettreiche Ernährung, die die Bauchspeicheldrüse belastet.
- Medikamenteneinnahme, z. B. bestimmte Schmerzmittel oder Steroide.
- Virusinfektionen, z. B. Feline Infectious Peritonitis (FIP).
- Traumata oder chirurgische Eingriffe.

- Fettleibigkeit oder Stoffwechselerkrankungen wie Diabetes.
- Toxine oder Vergiftungen, zum Beispiel durch bestimmte Pflanzen oder Chemikalien.

**Symptome:**

- Starke Bauchschmerzen, häufig im oberen Bauchbereich.
- Erbrechen, insbesondere nach Mahlzeiten.
- Appetitlosigkeit und Gewichtsverlust.
- Durchfall und/oder wässrige, unverdaute Stühle.
- Fieber und Lethargie.
- Dehydrierung durch Flüssigkeitsverlust.

**Diagnose:**

- Bluttests, um die Konzentration von Enzymen wie Lipase und Amylase zu messen.
- Ultraschalluntersuchung zur Beurteilung von Entzündungen oder Schwellungen.
- CT-Scans oder Röntgenbilder zur Sichtbarmachung von strukturellen Veränderungen.
- Spezielle Tests wie die Messung von Pankreasenzymen im Blut oder Stuhl.

**Behandlung:**

- Flüssigkeitstherapie zur Bekämpfung der Dehydrierung.
- Schmerzmanagement, um das Wohlbefinden des Tieres zu verbessern.
- Antibiotika, falls eine bakterielle Infektion vorliegt.
- Strenge Diät, die fettreiche Nahrungsmittel vermeidet und leicht verdauliche, fettarme Kost umfasst.
- In schweren Fällen kann eine stationäre Behandlung notwendig sein, insbesondere bei schwerer Entzündung.

**Ernährung:**

- Fettarme Kost zur Entlastung der Bauchspeicheldrüse.
- Kleine, häufige Mahlzeiten zur Unterstützung der Verdauung.
- Schonende Kost wie Reis, gekochtes Huhn und speziell für Pankreatitis geeignete Diäten.
- Bei chronischer Pankreatitis wird eine lebenslange Diät mit speziellen Futtermitteln empfohlen.

**Lebensqualität:**

- Eine frühzeitige Behandlung und angepasste Ernährung können die Lebensqualität erheblich verbessern und die Symptome lindern.
- Bei akuten Fällen ist eine schnelle Behandlung wichtig, um Komplikationen wie Organschäden zu vermeiden.

**Komplikationen:**

- Chronische Pankreatitis mit dauerhaften Schäden an der Bauchspeicheldrüse.
- Diabetes mellitus aufgrund von Insulinmangel.
- Verdauungsprobleme und Nährstoffmangel.
- In schwerwiegenden Fällen kann die Erkrankung zu einem Organversagen führen.

**Hinweis:** *Bauchspeicheldrüsenentzündung und Bauchspeicheldrüseninsuffizienz können die gleichen Symptome haben. Nur durch tierärztliche Untersuchung ist eine genaue Diagnose möglich.*

## Milo und das Tabletten-Schockerlebnis

Milo: „Ich esse sehr gerne, aber ich darf nur fettarmes Futter essen und eigentlich gar kein Trockenfutter, aber in Maßen bekomme ich es dennoch. Durch dieses Almazyme und generell durch diese ganze Krankheit habe ich immer sehr, sehr viel Hunger, eigentlich Dauerhunger, ich bin nie satt. Für Sina ist das bestimmt echt anstrengend, weil ich immer von meinen Menschen essen will. Egal was auf dem Tisch steht, ich bin immer als Erster am Start.

Wenn die Bauchspeicheldrüseninsuffizienz nicht behandelt wird, kann sie böse enden, daher ist Vorsorge auch bei mir sehr wichtig. Sina verteilt meine Medikamente über mein Futter, damit ich besser verdauen kann, und achtet darauf, dass mein Gewicht stabil bleibt, um eine erneute Entzündung zu vermeiden. Außerdem sollte ich wenig Stress haben, da sich dies ebenso negativ auf meine Erkrankung auswirken könnte.

Ich bin ziemlich gefräßig, ich gebe es ja zu. Da fällt mir direkt eine passende Geschichte dazu ein, die Sina damals zum Nachdenken und Andershandeln brachte. Einmal hat Sina versehentlich eine teilgeöffnete Tablettendose stehen lassen. Die Tabletten waren mit Mäusegeschmack und für das Immunsystem. Zudem enthielten sie sehr viele Vitamine. Jedenfalls dachte ich, es wären Leckerlis. Also habe ich die Dose hin- und hergeschoben, um an diese tollen Leckerbissen heranzukommen. Irgendwann habe ich sie einfach runtergeschmissen und viele der Tabletten auf einmal gefressen. Sina bemerkte dies, noch ehe ich den Rest der

Tabletten fressen konnte. Sie rief sofort bei der Tierärztin an, da sie sich Sorgen machte. Doch anfangs war alles in Ordnung, sodass Sina später die Wohnung verließ.

Als Sina wieder nach Hause kam, sah alles aus wie auf einem Schlachtfeld. Ich hatte sehr viel erbrochen, sogar Blut, und war vollkommen dehydriert. Das hat Sina eine wichtige Lektion erteilt: Man muss immer alles wegräumen, damit uns Katzen nichts passiert. Zum Glück hat Sina schnell reagiert und mich sofort zum Tierarzt gebracht. Ich musste eine Infusion über mich ergehen lassen, da ich durch das viele Erbrechen so dehydriert war. Jetzt passt Sina noch besser auf mich auf, und ich fühle mich trotz meiner Krankheit sehr geliebt und gut versorgt.

Sina: „Ach Milo, diesen Tag werden wir beide wohl nicht vergessen. Aber wie du schon erzählt hast, es war mir eine Lehre. Nie wieder lasse ich etwas halb verschlossen oder offen herumstehen. Und das sollte auch jeder andere Katzenbesitzer nicht tun. Räumt Tabletten und Vitamine weg, denn auch zu viele Vitamine können bei unseren lieben Katzen zu Vergiftungen führen."

**Almazyme**

Almazyme ist ein Nahrungsergänzungsmittel für Hunde und Katzen, das vor allem bei Verdauungsproblemen hilft. Es enthält eine Kombination aus verschiedenen Verdauungsenzymen wie Lipasen, Amylasen und Proteasen sowie Vitaminen. Dieses Produkt wird insbesondere bei unzureichender Verdauung oder bei exokriner pankreatischer Insuffizienz (Mangel an Verdauungsenzymen) empfohlen. Es kann auch bei Tieren angewendet werden, die unter Symptomen wie Blähungen, mattem Fell oder allgemeinem Energiemangel leiden.

Almazyme fördert die Nahrungsverwertung, indem es den Abbau von Fetten, Kohlenhydraten und Proteinen unterstützt, und ist daher besonders vorteilhaft für Tiere, die Schwierigkeiten mit der Verdauung haben oder bei denen ein spezielles Enzymdefizit festgestellt wurde.

Wenn du das Produkt für deine Katze oder deinen Hund in Erwägung ziehst, ist es ratsam, dies mit einem Tierarzt abzusprechen, um die richtige Anwendung und Dosierung zu gewährleisten.

## Simbas und mein schlimmster Tag

Sina: „Es war anfangs ein normaler Tag, als ich von einer Geburtstagsfeier nach Hause kam. Damals wohnte ich noch bei meinen Eltern. Doch dann sah ich überall im Haus Blutflecken. Sofort machte ich mich auf die Suche nach der Ursache. Ich ging zur Katzentoilette, um dort nachzusehen. Dort entdeckte ich, dass der Klumpen, wo eine Katze ihr Geschäft erledigt hatte, rötlich war, und fand schließlich Simba, der offensichtlich Probleme hatte. Ich sah, dass auch an seinem Fell noch etwas rötliche Flüssigkeit war. Ohne zu zögern, brachte ich ihn direkt zur Tierklinik. Es sollte der Beginn eines Alptraums werden.

In der Klinik sollte Simba einen Katheter bekommen, doch das Team schien nicht ausreichend vorbereitet zu sein. Ich machte sie darauf aufmerksam, dass Simba zusätzlich an HCM leidet und er so wenig Stress wie möglich ausgesetzt werden darf, da er im schlimmsten Fall sterben könnte.

Es wurde angenommen, dass er Kristalle in der Harnröhre haben könnte und diese können äußerst schmerzhaft sein. Trotzdem wurde der Eingriff begonnen, und Simba schrie vor Schmerzen. Ich bat mehrmals darum, dass sie aufhören sollten, aber sie setzten den Katheter fort.

Dann sollte ihm Blut abgenommen werden. Eine weitere Person kam zum Behandlungstisch. Diese wusste jedoch nicht einmal, wie man einer Katze Blut abnehmen musste. Die Blutabnahme verlief chaotisch, und als sie es erneut mit dem Katheter versuchten, brach Simba zusammen. Er erbrach und urinierte auf den Behandlungstisch. Dann kollabierte er und sackte einfach zusammen. Simba war ohnmächtig und nicht mehr ansprechbar. In Panik schrie ich, dass etwas nicht stimmte, aber es schien, als würden sie nicht verstehen oder nicht schnell genug reagieren. Dann endlich halfen sie ihm und ich blieb hilflos und allein zurück, während sie ihn in einen anderen Raum brachten.

Es vergingen quälend lange Minuten, bis sie mir sagten, dass Simba am Beatmungsgerät hängt, um ausreichend Sauerstoff zu bekommen, und ich ihn über Nacht dort lassen muss. In dieser Zeit stellten sie fest, dass er auch unter Struvitsteinen litt, die immer wiederkehren können. Es war eine Nacht voller Angst und Sorge um Simbas Leben.

Am nächsten Tag durfte ich Simba endlich wieder abholen. Er erhielt Medikamente und eine spezielle Paste, um sich zu erholen. Diese Erfahrung hat mir gezeigt, wie wichtig es ist, sofort zu handeln, wenn Katzen Anzeichen von Gesundheitsproblemen zeigen, besonders wenn es um die Harnwege geht.

Als ich ihn morgens abholte, ging es ihm schon viel besser. Er freute sich total, mich zu sehen, und ich glaube, er war froh, wieder bei mir zu sein. Ich habe noch nie eine Katze für eine Nacht in der Klinik lassen müssen, außer Simba dieses eine Mal. Es war wirklich schlimm für mich, nicht bei ihm sein zu können, ihn woanders lassen zu müssen und nicht zu wissen, was mit ihm passiert.

Bei der Abholung sagten sie mir, dass er Struvitsteine hat. Sein Urin hatte einen zu hohen pH-Wert, der solche Steine verursachen kann. Bei einem zu niedrigen pH-Wert wären es Oxalatsteine gewesen.

**Struvitsteine**

Struvitsteine bei Katzen sind keine natürlichen Steine, sondern mineralische Ablagerungen, die sich in der Harnblase bilden. Sie bestehen hauptsächlich aus Magnesium, Ammonium und Phosphat und entstehen häufig aufgrund einer ungünstigen Ernährung, zu wenig Flüssigkeitsaufnahme oder Harnwegsinfektionen. Diese Steine verursachen oft schmerzhafte Harnwegsprobleme und können die Blase oder Harnröhre blockieren, was zu ernsthaften Gesundheitsproblemen führen kann.

Struvitsteine sind in der Regel mittels Ultraschall sichtbar und können auch bei der Urinabgabe nachgewiesen werden. Ein Urintest, bei dem frischer Urin benötigt wird, ist entscheidend, um den pH-Wert des Urins und die Konzentration der Mineralien zu überprüfen. Wenn eine Katze Symptome wie Schmerzen beim Urinieren, häufiges Urinieren oder Blut im Urin zeigt, sollte sofort ein Tierarzt aufgesucht werden.

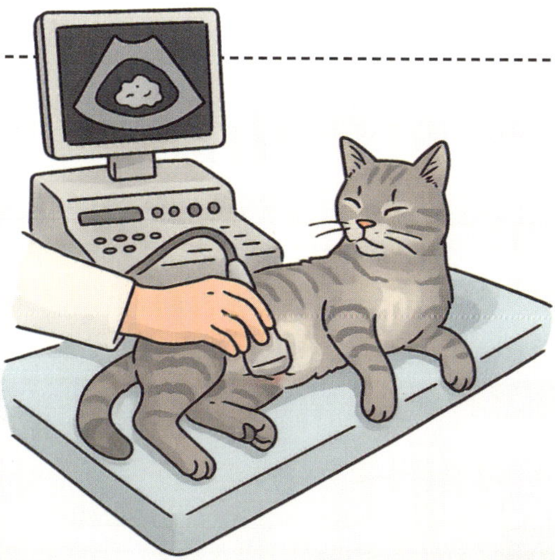

Um Urin von einer Katze zu sammeln, gibt es spezielle Urinauffangbeutel, die unter die Katze gelegt werden können, wenn sie auf die Toilette geht. Für einige Katzen kann es auch hilfreich sein, eine spezielle Katzenstreu zu verwenden, die den Urin absorbiert, sodass er später entnommen werden kann. Wichtig ist, dass der Urin frisch ist, da er sich schnell verändern und für Tests unbrauchbar werden kann.

Eine spezielle Diät, die den Urin ansäuert, kann dabei helfen, bestehende Struvitsteine aufzulösen und die Bildung neuer Steine zu verhindern.

Glücklicherweise hatte Simba seitdem keine weiteren Probleme mehr mit den Steinen. Ich musste regelmäßig Urinproben von ihm abgeben, um sicherzustellen, dass alles in Ordnung war. Auch bei Milo gab es einmal den Verdacht auf Struvitsteine, aber es war zum Glück nur eine Blasenentzündung ohne Steine. Tatsächlich können die Steine immer wieder auftreten, besonders bei kastrierten Katern.

Daher möchte ich noch einmal betonen, dass man wirklich auf alle möglichen Anzeichen achten muss, besonders wenn Blut im Urin ist oder die Katze häufig auf die Toilette geht. Milo ging manchmal alle zehn Minuten und es kam nur ein kleiner Tropfen. Jeder Katzenbesitzer muss ein Auge darauf haben, weil es für Katzen wirklich schlimme Schmerzen bedeutet.

## Wie ich Urin bei meinen Katzen auffing, um ihn untersuchen zu lassen

Wenn ich Urinproben bei meinen Katzen abnehmen muss, ist das oft ein ziemlich chaotisches Unterfangen. Es ist gar nicht so einfach, gerade wenn man mehrere Katzen hat. Zuerst einmal ist es wichtig, ruhig und geduldig zu bleiben, da Katzen meistens nicht begeistert von der Idee sind, dass jemand mit einer Kelle unter ihnen herumschleicht. Ich beginne in der Regel damit, eine saubere Suppenkelle griffbereit zu halten. Damit versuche ich dann, den Urin aufzufangen.

Da Katzen bekanntlich keine Fans von solchen Eingriffen sind, braucht es eine gewisse Taktik. Manchmal halte ich die Kelle direkt unter die Katze, während sie still sitzt, manchmal muss ich ihr ein bisschen hinterherlaufen, wenn sie merkt, dass ich etwas vorhabe. Eine Spritze hilft mir, den Urin aufzuziehen, wenn ich es geschafft habe, ihn mit der Kelle aufzufangen. Dabei ist es wichtig, dass ich immer schnell bin, bevor sie sich wieder von der Stelle bewegen.

Ich muss auch darauf achten, dass der Urin frisch ist, damit er korrekt getestet werden kann. Das ist eine der größten Herausforderungen, da Katzen ständig in Bewegung sind. Um den Urin aufzufangen, muss ich oft kreativ werden – da kommt es schon mal vor, dass ich mehrere Versuche brauche, bis ich tatsächlich Erfolg habe.

## Neue Diagnose für Simba

Vor Kurzem wurde bei Simba eine neue Krankheit diagnostiziert, die Hüftgelenksdysplasie, kurz HD. Vielleicht sagt dir das etwas, denn es ist eine genetisch bedingte Fehlbildung der Hüftgelenke, die leider bei Katzen und auch bei Hunden häufig vorkommt. Der Arzt erklärte, dass die Hüftgelenke nicht richtig in der Gelenkpfanne sitzen, was zu Schmerzen führen kann. Simba hatte, sehr wahrscheinlich aufgrund seiner Abstammung vom Scottish Fold, schon immer eine Fehlstellung der Hinterbeine. Wenn er zum Beispiel vom Kratzbaum springt, hat er Schwierigkeiten, sich abzufangen, und er kann nicht so hoch springen wie meine anderen Katzen.

Um sicherzugehen, bin ich zu einem Tierorthopäden gegangen, der die Diagnose bestätigte. Das war eine gute Entscheidung, denn so können wir Simba gezielt helfen, dass es ihm besser geht. Wichtig sind insbesondere Physiotherapie und Diät.

Da wir noch keinen Termin für eine Physiotherapie bekommen haben, habe ich mich entschieden, es zunächst mit einem Besuch beim Tier-Osteopathen zu versuchen. Ich möchte alles ausprobieren, was helfen könnte, um eine Operation zu vermeiden. Beim Osteopathen wurde Simba eingerenkt und massiert, was ihm sehr gut tat. Es wurden auch Übungen mit ihm gemacht, die ich nun zu Hause selbst fortsetzen kann, um seine Gelenke zu unterstützen. Ich kann diese Methode wirklich empfehlen, weil sie sanft, aber effektiv ist. Zusätzlich bekommt Simba ein Nahrungsergänzungsmittel mit Hyaluronsäure, das die Gelenke stärkt.

Dieses Pulver funktioniert auch gut bei Scottish-Fold-Katzen und kann eine wertvolle Unterstützung für ihre Gelenkgesundheit sein.

Obwohl es sich um eine ernsthafte Erkrankung handelt, besteht kein Grund zur Panik. Es wird ihm nicht das Leben verkürzen, solange wir es behandeln. Es gibt zwar die Möglichkeit einer Operation, aber das ist aktuell nicht nötig, da sich Simba noch in einem frühen Stadium befindet. Daher konzentrieren wir uns zunächst auf die Physiotherapie und die Diät, um die Situation besser in den Griff zu bekommen.

# 50
# LUSTIGE FAKTEN & UNNÜTZES WISSEN ÜBER KATZEN

**Nach so viel Ernst und dramatischen Geschichten habe ich jetzt wieder etwas zum Lachen und Schmunzeln für dich:**

1 **Katzen können mehr als 100 verschiedene Laute von sich geben. Hunde schaffen nur etwa 10.** Katzen sind wahre Stimmkünstler. Vom sanften Miauen bis hin zum gurgelnden Schnattern vorm Fenster – sie nutzen eine große Bandbreite an Lauten. Manche Katzen haben sogar eigene Töne für bestimmte Menschen. Hunde hingegen kommunizieren eher über Körpersprache und Mimik. Das macht Katzen in ihrer Lautvielfalt deutlich komplexer.

2 **Katzen haben an ihren Vorderpfoten einen „Daumen" – eine sogenannte Wolfskralle, die sie für besonders präzise Griffe nutzen können.** Diese zusätzliche Kralle liegt etwas höher und wird meist nur dann eingesetzt, wenn es richtig knifflig wird – etwa beim Festhalten von Beute oder Spielzeug. Manche Katzen nutzen sie sogar, um Türen zu öffnen oder Schubladen zu knacken. Sie ist quasi das Multifunktionstool im Pfotenarsenal. Und wer genau hinschaut, sieht: Katzen sind nicht nur niedlich, sondern auch handwerklich begabt.

3 **Katzen träumen wie wir.** Im REM-Schlaf zucken sie manchmal mit den Pfoten oder dem Schnurrbart – vielleicht jagen sie da gerade eine Maus? Der REM-Schlaf ist auch bei Katzen mit intensiver Gehirnaktivität verbunden. Beobachtet man eine schlafende Katze genau, erkennt man kleine Bewegungen im Gesicht oder

an den Ohren. Wissenschaftler vermuten, dass Katzen in dieser Phase Erinnerungen verarbeiten. Vielleicht erinnern sie sich an ihr Lieblingsspielzeug – oder an das Frühstück. Träume sind also nicht nur menschlich.

4 **Das älteste bekannte Haustier war eine Katze.** In Zypern wurde ein 9.500 Jahre altes Katzenskelett neben einem menschlichen gefunden. Dieser Fund zeigt, dass Katzen schon in der Jungsteinzeit Begleiter des Menschen waren. Die Grabstätte legt nahe, dass die Katze nicht nur geduldet, sondern geliebt wurde. Katzen halfen vermutlich dabei, Vorräte vor Mäusen zu schützen. Dafür wurden sie geschätzt – und vielleicht sogar verehrt. Ihre Rolle als Haustier hat also eine sehr lange Geschichte.

5 **Katzen können ihren Kopf zum Trinken nicht nach unten senken wie Hunde.** Sie löffeln Wasser mit der Zunge und nutzen dabei raffinierte Physik. Die Katzenzunge bewegt sich blitzschnell auf und ab. Dabei zieht sie eine Wassersäule nach oben, bevor sie den Mund schließt. Dieser Vorgang geschieht viermal pro Sekunde. Katzen trinken dadurch erstaunlich elegant und sauber. Es ist ein physikalisches Meisterwerk in flauschigem Gewand.

**6 Eine Katze kann gleichzeitig mit dem linken Auge schlafen und mit dem rechten wachen. Ihr Gehirn schaltet einfach nur eine Hälfte ab – Powernap für Profis!** Dieses Verhalten nennt man unihemisphärischen Schlaf. Es hilft Katzen, auch im Ruhemodus wachsam zu bleiben. Vor allem in der Natur ist das ein Überlebensvorteil. So können sie entspannen und gleichzeitig potenzielle Gefahren im Blick behalten. Ein Auge zu – und das andere auf die Welt gerichtet.

**7 Stubentiger haben ein besseres Kurzzeitgedächtnis als Hunde. Katzen merken sich Dinge bis zu 16 Stunden lang – bei Hunden sind es etwa 5 Minuten.** Diese Fähigkeit hilft ihnen, sich an gute Verstecke oder Essensquellen zu erinnern. Auch negative Erfahrungen behalten sie lange im Gedächtnis. Deshalb sollte man bei der Erziehung sehr behutsam vorgehen. Katzen lernen leise, aber effektiv. Wer ihr Vertrauen gewinnt, hat einen klugen Freund fürs Leben.

**8 Katzen können sich durch jede Öffnung zwängen, durch die ihr Kopf passt. Der Rest ist nur Fell und Flexibilität.** Ihr Skelett ist extrem biegsam und anpassungsfähig. Es gibt kaum einen Spalt, den sie nicht neugierig erkunden würden. Ihre Schnurrhaare dienen dabei als Abstandsmesser. Passt der Kopf durch, folgen Körper und Schwanz fast mühelos. Das macht sie zu wahren Entfesselungskünstlern im Alltag.

9 **Die älteste Katze der Welt wurde 38 Jahre alt.** Ihr Name war Creme Puff und sie lebte in Texas. Das entspricht etwa 160 Menschenjahren. Ihre Besitzerin schwor auf ein besonderes Futter mit Eiern, Spargel und Speck. Creme Puff war gesund, geliebt und sehr ruhig. Ihr Rekord steht bis heute im Guinness-Buch. Ein echtes Vorbild für langlebige Katzenliebe.

10 **Katzen erkennen ihren Namen – sie ignorieren sie nur oft. #katzenlogik.** Studien zeigen, dass Katzen durchaus auf ihren Namen reagieren – sie heben den Kopf oder bewegen die Ohren. Sie entscheiden jedoch selbst, ob sie kommen. Diese Eigenwilligkeit ist typisch für Katzen. Sie folgen keinem Befehl, sondern einer inneren Logik. Wer das akzeptiert, lebt entspannter mit ihnen zusammen.

11 **Katzen schnurren nicht nur, wenn sie zufrieden sind. Auch bei Stress oder Schmerzen hilft ihnen das Schnurren zur Selbstheilung.** Das beruhigende Brummen ist weit mehr als ein Ausdruck von Wohlbefinden. Es wirkt wie eine natürliche Therapie und kann sogar die Heilung von Knochen und Gewebe fördern. Selbst verletzte oder kranke Katzen schnurren, um sich zu stabilisieren. Forschende vermuten, dass bestimmte Frequenzen heilende Effekte auf den Körper haben. Katzen sind also nicht nur elegant, sondern auch ziemlich clever in Sachen Gesundheit.

**12** **In Italien ist ein schwarzer Kater ein Glücksbringer. In Deutschland ... naja.** Hierzulande gelten schwarze Katzen oft als Unglücksboten – besonders wenn sie von links kommen. Das ist ein uralter Aberglaube, der aus dem Mittelalter stammt. In Italien hingegen bringt der dunkle Kater Glück, vor allem wenn man ihm begegnet. Kulturen unterscheiden sich eben – auch in ihren Katzenglauben. Vielleicht sollten wir unsere Sichtweise einfach mal überdenken.

**13** **Katzen können bis zu 50 km/h schnell rennen. Für kurze Strecken – also zum Beispiel vom Sofa zur Futterstelle.** Diese Geschwindigkeit erreichen sie immerhin für einige Sekunden. Ihre Muskeln sind perfekt auf schnelle, explosive Bewegungen ausgelegt. Deshalb wirken Katzen oft gemütlich, sind aber in Wahrheit kleine Sprintwunder. Ihr Bewegungsapparat ist auf Jagd aus dem Hinterhalt optimiert. Und wer ihnen schon mal beim „Zoomie"-Anfall zugesehen hat, weiß, wovon die Rede ist.

**14** **Die älteste Katze der Antike hieß „Nedjem" – das bedeutet „süß" oder „lieblich" auf Altägyptisch.** Katzen galten im alten Ägypten als heilige Wesen. Sie wurden verehrt, bemalt und sogar einbalsamiert. Nedjem war eine königliche Hauskatze und wurde auf einem Grabrelief verewigt. Der Name zeigt, wie liebevoll Katzen bereits damals betrachtet wurden. Ihre Anmut und ihr Wesen beeindruckten schon vor Tausenden von Jahren.

**15** **Katzen haben kein Schlüsselbein. Deshalb sind sie so unglaublich gelenkig.** Ihr Brustkorb ist nicht starr mit den Vorderbeinen verbunden, was ihnen extreme Beweglichkeit verleiht. Das erklärt, warum sie scheinbar mühelos durch enge Lücken schlüpfen. Auch ihre fließenden Bewegungen beim Schleichen und Springen hängen damit zusammen. Ohne Schlüsselbein gibt es kaum Einschränkungen im Bewegungsradius. Katzen sind wahre Meister der Eleganz und Flexibilität.

**16** **Die Katze mit den meisten Zehen hatte 28. Normale Katzen haben 18.** Diese genetische Besonderheit nennt sich Polydaktylie. Die betroffenen Katzen sehen aus, als trügen sie kleine Fäustlinge. Ernest Hemingway liebte diese Tiere so sehr, dass es heute noch sogenannte „Hemingway-Katzen" gibt. Die zusätzlichen Zehen beeinträchtigen die Tiere kaum – oft sind sie sogar besonders geschickt. Und sie sorgen definitiv für Gesprächsstoff.

**17** **Eine Katze kann bis zu 2 Meter hoch springen – aus dem Stand. Besser als jeder Parkour-Profi.** Diese Sprungkraft verdankt sie ihren kräftigen Hinterbeinen und ihrer exakten Körperkoordination. Kein Hindernis scheint zu hoch, wenn die Katze ein Ziel im Auge hat. Selbst ein Kühlschrank ist für sie nur eine kleine Aufwärmübung. Ihre Sprünge wirken mühelos, sind aber perfekt getimt. Ein Grund mehr, warum man keine offene Fischdose auf dem Schrank stehen lassen sollte.

**18** **Es gibt Katzen, die allergisch auf Menschen sind. Die Ironie des Lebens.** Die Ursache liegt meist in bestimmten Hautpartikeln oder Pflegeprodukten, die wir verwenden. Betroffene Katzen zeigen Symptome wie Husten, Juckreiz oder tränende Augen. Zum Glück lässt sich das mit Hilfe von Tierärzten gut behandeln. Dennoch ist es ein erstaunlicher und leicht tragikomischer Umstand. Schließlich gelten normalerweise wir Menschen als allergisch gegen Katzen – nicht umgekehrt.

**19** **Hauskatzen teilen 95,6 % ihrer DNA mit Tigern. Also ja: Dein kleiner Kuscheltiger ist tatsächlich ein Mini-Raubtier.** Dieses genetische Erbe spiegelt sich in Verhalten und Körpersprache wider. Das Anschleichen, der wippende Schwanz und das plötzliche Anspringen sind uralte Instinkte. Trotz aller Domestizierung steckt also noch viel Wildkatze in ihr. Vielleicht erklärt das auch ihre Unabhängigkeit – und ihre Vorliebe für erhöhte Plätze. Die Raubkatze im Wohnzimmer ist nie ganz gezähmt.

**20** **Manche Katzen haben eine Lieblingspfote. Wie bei Menschen – nur dass es bei Katzen meistens die linke ist.** Diese „Pfotenpräferenz" wird durch Beobachtung festgestellt, etwa beim Spielen oder Klettern. Interessanterweise sind Kater häufiger Linkspfoter als Katzen. Forscher vermuten hormonelle Einflüsse hinter dieser Eigenheit. Wer genau hinsieht, entdeckt bald, welche Seite bevorzugt wird. So individuell wie der Mensch – so einzigartig ist auch jede Katze.

**21 Katzen haben in Japan einen eigenen Feiertag. Der „Cat Day" ist am 22. Februar, weil 2-2-2 wie „Nyan Nyan Nyan" klingt.** In Japan gelten Katzen als Glücksbringer, besonders die winkende Maneki-neko. Am „Neko no Hi" (Katzentag) werden Katzen mit Leckerlis und Geschenken verwöhnt. Viele Menschen posten an diesem Tag Fotos ihrer Vierbeiner oder besuchen Katzencafés. Auch in Schulen und Büros wird der Tag teils mit kleinen Aktionen gefeiert. Ein Feiertag, der ganz den Fellnasen gewidmet ist – warum gibt es den nicht weltweit?

**22 Die älteste Katze der Filmgeschichte war Orangey. Er spielte unter anderem in „Frühstück bei Tiffany" mit Audrey Hepburn.** Orangey war ein echter Filmstar der 1950er- und 60er-Jahre. Er gewann gleich zweimal den „Patsy Award", eine Art Oscar für tierische Darsteller. Am Set war er berühmt für seine Geduld – aber auch für gelegentliches Weglaufen mitten in der Szene. Trotz seiner Starallüren wurde er von allen geliebt. Heute gilt er als legendäres Beispiel für Katzen im Kino.

**23 Katzen „besitzen" Menschen, nicht umgekehrt. Laut Verhaltensforschung erkennen sie uns nicht als ranghöher – eher als übergroße, sehr ungeschickte Katzen.** Anders als Hunde sehen Katzen den Menschen nicht als Alphatier. Sie betrachten uns vielmehr als Teil ihrer sozialen Struktur – auf Augenhöhe oder darunter. Deshalb gibt es bei Katzen auch keine „Unterwürfigkeit". Ihr Verhalten basiert auf gegenseitiger Akzeptanz – oder Missachtung. Wer denkt, er habe eine Katze „erzogen", hat sich vermutlich nur gut angepasst.

**24** **Katzen können Sonnencreme nicht leiden. Der Geruch ist für ihre empfindliche Nase eine Katastrophe.** Viele Cremes enthalten Duftstoffe, die für uns angenehm sind, aber Katzen regelrecht abschrecken. Ihre Nase ist viel sensibler und reagiert empfindlich auf künstliche Aromen. Manche Katzen reagieren sogar mit Flucht oder ablehnendem Verhalten, wenn man eingecremt ist. Auch das Ablecken von Sonnencreme kann gefährlich sein. Am besten: eingecremt nicht schmusen.

**25** **Wenn deine Katze mit dem Po zu dir zeigt, ist das ein Liebesbeweis. Ja, wirklich. Herzlichen Glückwunsch!** In der Katzensprache ist das ein Zeichen von Vertrauen. Sie zeigt dir ihre verletzlichste Stelle – ganz ohne Angst. Auch wenn es für uns etwas … gewöhnungsbedürftig wirkt. In ihrer Welt heißt das schlicht: „Du gehörst zu mir."

**26** **Katzen haben keine Chefs – sie haben Personal. Und du bist eingestellt.** Vom Öffnen der Tür bis zur Wahl des Futters: Alles läuft nach ihren Regeln. Wer glaubt, Entscheidungen zu treffen, täuscht sich meist. Katzen lassen dich denken, du hättest

Einfluss – dabei managen sie dich mit Blicken, Schnurren und gezieltem Ignorieren. Willkommen im Club der katzenhörigen Menschen. Das Gehalt? Ein gelegentliches Kuscheln (wenn sie es wollen) – unbezahlbar.

**27** **Wenn eine Katze einen Blumentopf runterschmeißt, ist das kein Unfall. Es war ein Statement.** Katzen testen gerne die Schwerkraft – und deine Geduld. Sie wissen genau, was sie tun, wenn sie Dinge vom Tisch stupsen. Es ist ihre Art, Aufmerksamkeit zu fordern – oder zu sagen: „Das Ding gehört nicht hierher." Besonders beliebt sind Pflanzen, Tassen und teure Vasen. Kunstvoller Trotz mit Pfoten.

**28** **Der einzige Grund, warum deine Katze dich nachts anstarrt: Sie überlegt, warum du nicht um 3 Uhr morgens Frühstück servierst.** Ihr Tag-Nacht-Rhythmus ist anders als unserer. Katzen sind dämmerungsaktiv und lieben nächtliche Action. Wenn sie dich anstarren, ist das keine Drohung – sondern eine freundliche Erinnerung. An ihren Bedürfnissen orientiert sich schließlich der ganze Haushalt. Wer braucht schon Schlaf, wenn man servieren kann?

**29** **Katzen jagen keine Mäuse, weil sie Hunger haben. Sie tun es aus Prinzip. Und weil's Spaß macht.** Der Jagdinstinkt ist tief verwurzelt, auch wenn der Napf voll ist. Die Bewegung, das Anschleichen, das Zuschlagen – das alles ist ein Spiel mit uralten Wurzeln. Manche Katzen bringen ihre Beute sogar stolz nach Hause, als Geschenk. Oder als Beweis, dass sie ihren Job ernst nehmen. Auch wenn du das anders sehen magst.

30 **Katzen können stundenlang auf eine Wand starren. Vielleicht sehen sie Dinge, vielleicht ist ihnen einfach langweilig. Vielleicht sind sie auch Magier.** Ihr Gehör ist so fein, dass sie Geräusche wahrnehmen, die uns verborgen bleiben. Vielleicht hört sie eine Maus hinter der Wand – oder sie beobachtet Staubkörnchen beim Tanzen. Manchmal wirkt es wie eine meditative Übung. Oder ein Teil ihres geheimen Zauberzirkels. Wer weiß schon, was Katzen wirklich sehen?

31 **Wenn deine Katze auf deinem Laptop liegt, will sie nicht kuscheln. Sie will den Thron zurück.** Die Tastatur ist warm, erhöht – und offenbar von Bedeutung. Genau das macht sie zur idealen königlichen Liegefläche. Für die Katze ist das kein Arbeitsgerät, sondern ein fremder Thron, den es zu beanspruchen gilt. Deine Arbeit? Nebensache. Es geht hier schließlich um Status und Präsenz.

32 **Katzen schnurren, wenn sie glücklich sind – aber auch, wenn sie wütend sind. Überraschung: Du bist nie sicher.** Das Schnurren hat viele Bedeutungen – es kann beruhigen, heilen oder warnen. In Stresssituationen hilft es der Katze, sich selbst zu

regulieren. Manchmal schnurrt sie auch aus Unsicherheit oder bei Aggression. Das macht das Deuten nicht ganz einfach. Kurz gesagt: Wenn sie schnurrt, bleib wachsam.

## 33

**Ein Karton ist für eine Katze besser als jedes Designerbett. Warum? Weil Karton.** Karton ist gemütlich, begrenzt und riecht irgendwie spannend. Er bietet Schutz und gleichzeitig perfekte Spionagemöglichkeiten. Egal wie teuer das Katzenbett war – der Versandkarton ist sofort interessanter. Für uns unsinnig, für Katzen vollkommen logisch. Wahre Liebe hat vier Ecken und ist aus Pappe.

## 34

**Katzen können keine Schuld empfinden. Wissenschaftlich bewiesen. Sie sind sich keiner Missetat bewusst – je schlimmer, desto stolzer.** Das schlechte Gewissen ist ein rein menschliches Konzept. Katzen kennen es nicht – sie handeln aus Instinkt, Neugier oder Langeweile. Wenn sie etwas herunterwerfen, ist das kein Trotz, sondern schlicht Verhalten mit Stil. Der Blick danach? Reine Coolness. Und du darfst aufräumen.

## 35

**Das Geräusch einer Futterdose ist für Katzen heiliger als ihr Name. Ruf sie, sie kommt nicht. Öffne eine Dose – sie materialisiert sich.** Katzen haben feine Ohren und noch feinere Prioritäten. Während sie deinen Ruf ignorieren, können sie das „Klick" einer Dose aus drei Zimmern Entfernung hören. Dieser Klang ist der wahre Ruf ihres Herzens. Vergiss „Miez Miez" – es reicht ein Dreh am Dosenöffner. Und schwupps – da ist sie.

36 **Katzen sind flüssig. Physikalisch nicht belegbar, aber täglich zu beobachten.** Sie passen in Schüsseln, Vasen, Schuhkartons und Teekannen. Ihre Knochenstruktur erlaubt eine fast flüssige Anpassung an jede Form. Manchmal scheint es, als könnten sie sich verflüchtigen und dann wieder zusammensetzen. Es ist ein Wunder der Evolution – oder der Magie. In jedem Fall: unfassbar biegsam.

37 **Wenn deine Katze dich beim Duschen beobachtet, ist das keine Zuneigung. Sie hält dich für geistig instabil, weil du freiwillig nass wirst.** Wasser ist für viele Katzen ein No-go. Warum jemand sich absichtlich damit übergießt, bleibt ihnen ein Rätsel. Ihr Blick spricht Bände – Mischung aus Besorgnis, Entsetzen und stillem Spott. Vielleicht bleibst du einfach trocken – der Beziehung zuliebe. Denn Vertrauen endet, wo Tropfen fliegen.

38 **Manche Katzen schlafen 16 Stunden am Tag. Der Rest ist Kaffeepause.** Katzen sind Schlafweltmeister – und das mit Stil. Zwischen Nickerchen gönnen sie sich kurze Phasen der Aktivität: fressen, gähnen, durch die Wohnung stolzieren. Ihr Energielevel ist getaktet wie ein Zen-Meister. Alles in perfekter Balance zwischen Müßiggang und plötzlicher Jagdlust. Sie nennen es Effizienz.

**39** **Katzenpo = Hallo.** Was für uns schräg wirkt, ist für sie eine herzliche Geste. Unter vertrauten Artgenossen ist es völlig normal, sich mit dem Po zu begrüßen – ein „Hallo" der besonderen Art. Wenn du also den flauschigen Hintern siehst, sei geehrt. Und versuche, nicht zu lachen. Katzen sind sensibel – aber niemals peinlich.

**40** **Die Lieblingssportart der Katze? Parkour über Menschenkörper – natürlich nachts.** Die Nacht ist ihr Revier – und du bist Teil des Parkours. Bettdecken, Köpfe und Rippen werden zu Sprungpunkten und Landeflächen. Während du schläfst, trainiert sie für Olympia. Geräuschlos wie ein Ninja – und genauso rücksichtslos. Kein Wunder, dass du morgens mit Kratzern erwachst und sie seelenruhig schläft.

**41** **Die Wissenschaft hat festgestellt: Katzen treten mit Absicht auf die Tastatur. Deine Diplomarbeit war ihnen zu langweilig.** Was für dich ein zentrales Projekt ist, ist für die Katze einfach nur ein warmes Rechteck mit Aufmerksamkeitspotenzial. Sie weiß: Wenn sie mitten durch dein Dokument läuft, reagierst du sofort. Es geht ihr nicht ums Schreiben, sondern um die Macht. Die Tastatur ist Bühne, Protestfläche und Wärmekissen in einem. Und was du da tippst, ist sowieso weit weniger wichtig als sie.

**42** **Katzen können dich zehn Minuten lang anmiauen – und dann beleidigt weggehen, wenn du reagierst. Timing ist alles.** Katzen führen Gespräche nach ihren eigenen Regeln. Wenn du endlich antwortest, ist das Interesse schon wieder verpufft. Die Dramaturgie ist entscheidend: erst Spannung aufbauen, dann abrupt abbrechen. Sie sind nicht inkonsequent – du warst einfach zu langsam. Oder zu falsch. Oder überhaupt zu menschlich.

**43** **Wenn du denkst, du hast deine Katze erzogen, bist du bereits verloren. Sie hat nur einen neuen Trick gelernt, um dich zu manipulieren.** Was wie Gehorsam aussieht, ist in Wahrheit ein raffinierter Tauschhandel. Katzen tun gelegentlich, was du willst – aber nur, wenn es ihnen ebenfalls nutzt. Du freust dich über ein „erlerntes" Verhalten, sie über Leckerlis oder eine ruhige Ecke. In Wirklichkeit tanzt du längst nach ihrer Musik. Und sie spielt virtuos auf deiner Gutgläubigkeit.

**44** **Katzen sitzen auf allem, was du brauchst. Buch, Zeitung, Steuererklärung, Puzzle – alles unter der Katze.** Es ist kein Zufall – es ist Strategie. Alles, worauf dein Blick fällt, wird sofort zur Liegefläche deklariert. Es könnte ja sein, dass du dort deine Aufmerksamkeit hinlenkst – und das geht natürlich nicht. Dein einziger richtiger Fokus ist schließlich sie. Deshalb: Erst kraulen, dann puzzeln.

**45** **Wenn deine Katze auf deinem Bauch liegt, misst sie deinen Herzschlag. Wahrscheinlich zur Überwachung.** Sie spürt jeden Atemzug, jede Regung – und analysiert still im Hintergrund. Vielleicht kontrolliert sie, ob du noch funktionierst. Vielleicht stimmt sie sich auf dich ein, um dich besser zu kontrollieren. Oder sie genießt schlicht das rhythmische Pochen und den Klang der Entspannung. Jedenfalls: Du wirst beobachtet.

**46** **Katzen lieben es, sich genau auf das einzige schwarze T-Shirt im Raum zu legen. Weil Kontrast wichtig ist.** Es ist wie ein ungeschriebenes Gesetz: Hell auf dunkel, dunkel auf hell. Katzen wissen genau, wo ihr Fell am besten zur Geltung kommt – und am meisten haften bleibt. Das ist kein Zufall, sondern gestalterische Absicht. Sie dekorieren dein Leben nach ihren Vorstellungen. Du bist nur Statist im haarigen Gesamtkunstwerk.

**47** **Katzen denken, du bist dumm, weil du die Beute im Napf servierst – und sie nicht selbst erlegt hast.** Sie betrachten deine Fütterung als seltsam ritualisierten Jagdersatz. Warum bewegt sich das Essen nicht? Wo bleibt der Nervenkitzel? Deine Katze hält dich vermutlich für bequem – oder unfähig. Aber solange du pünktlich servierst, sieht sie großzügig darüber hinweg.

**48** **Katzen haben ein eingebautes WLAN-Störfeld. Sobald du arbeiten willst, kommen sie zwischen Tastatur und Bildschirm.** Sie wittern den Moment geistiger Konzentration wie ein Jagdsignal. Dein Fokus gehört ihnen – nicht dem Bildschirm. Der ideale Platz: genau dort, wo deine Aufmerksamkeit landet. So sichern sie sich Sichtkontakt, Nähe und absolute Kontrolle. Produktivität war gestern.

**49** **Katzen tun so, als wären sie majestätisch – und fallen dann vom Fensterbrett. Niemand spricht darüber.** Diese Momente passieren schnell – und werden sofort ignoriert. Der Blick danach sagt: „Ich wollte das so." Katzen verlieren nie ihr Gesicht, selbst wenn sie im Abflug sind. Es ist eine Mischung aus Würde, Trotz und völliger Verdrängung. Und du weißt: Wenn du lachst, bist du der Peinliche.

**50** **Wenn eine Katze einen Mucks von sich gibt und du sofort springst, hat sie gewonnen. Spoiler: Sie gewinnt immer.** Diese kleine Lautäußerung ist ihr Fernbedienungsknopf für dich. Du hast keine Wahl – du musst reagieren. Katzen trainieren ihre Menschen konsequent und mit minimalem Aufwand. Wer zuerst reagiert, verliert – und du hast bereits verloren. Willkommen im Club der gut erzogenen Dosenöffner.

# KATZENMAMA - EINE ROLLE, DIE WEITERENTWICKLUNG VERLANGT

Als Katzenmama lerne ich ständig dazu, und das meist durch Ausprobieren und die wertvolle Unterstützung von Katzenpsychologen, die ich engagiert habe. Anfangs dachte ich, dass es Quatsch sei, einen Katzenpsychologen hinzuzuziehen, doch ich entschied mich, es einmal auszuprobieren – und meine Meinung hat sich tatsächlich geändert. Es ist beeindruckend zu sehen, wie viel Wissen und Erfahrung diese Fachleute mitbringen. Sie helfen mir, das Verhalten meiner Katzen besser zu verstehen und Wege zu finden, um eventuelle Schwierigkeiten zu lösen.

Ein weiterer wichtiger Aspekt meiner Entwicklung sind die zahlreichen Tipps und Ratschläge aus meiner Community. An dieser Stelle möchte ich euch allen nochmals von Herzen danken! Der Austausch mit anderen Katzenliebhabern ist unbezahlbar, und oft entdecke ich durch eure Erfahrungen neue Perspektiven, die mir helfen, das Leben meiner Katzen noch schöner zu gestalten.

Für jeden, der Schwierigkeiten mit seinen Katzen hat, kann ich nur empfehlen, einen Katzenpsychologen in Betracht zu ziehen. Sie bieten wertvolle Informationen und Tipps, die nicht nur helfen, Probleme zu lösen, sondern auch das Verständnis für unsere vierbeinigen Freunde zu vertiefen. Es ist eine großartige Möglichkeit, um gemeinsam zu wachsen und das Wohlbefinden unserer Katzen zu fördern.

# ALS SIMBA EINE DUSCHE BRAUCHTE

Amy: „Ich muss euch unbedingt von einer Duschaktion mit Simba erzählen! Also, Simba musste gewaschen werden – und wisst ihr was? Der Kater fand das alles total entspannt! Er hatte sich nämlich völlig bepinkelt und war jetzt ziemlich unangenehm. Aber er fand das Wasser gar nicht so schlimm, eher im Gegenteil. Ganz ruhig ließ er sich abbrausen, während wir anderen Katzen – also, wir hätten das nie mit uns machen lassen! Wir würden völlig ausrasten, wenn man uns in die Nähe von Wasser bringen würde.

Simba war nach dem Waschen pitschnass und sah ganz anders aus. Er war plötzlich schmaler, irgendwie fremd, und roch so intensiv nach diesem Katzenshampoo, dass er fast nicht wiederzuerkennen war. Und genau da kam Milo. Er stand völlig perplex vor ihm und gab die seltsamsten Töne von sich. Er wusste überhaupt nicht, was er von dem glänzenden neuen Simba halten sollte. Der Arme hat ihn nicht mal erkannt! Ja, das brachte nicht nur uns Katzen zum Schmunzeln, sondern auch unsere Menschen."

**Katzen baden:** Warum es meist unnötig ist und wann es sinnvoll sein kann

*Katzen sind von Natur aus sehr reinlich und kümmern sich selbst um ihre Fellpflege. Daher ist das Baden oder Duschen in den meisten Fällen überflüssig. Es kann sogar stressig für die Katze sein und ihr Fell austrocknen, da die natürlichen Öle entfernt werden.*

**Wann es dennoch notwendig sein kann:**

- **Medizinische Gründe:** Bei Hautproblemen oder Parasiten kann ein spezielles Shampoo hilfreich sein.
- **Verfilztes Fell:** Wenn das Fell stark verfilzt ist und nicht mehr gebürstet werden kann, kann ein Bad notwendig sein.
- **Verschmutzung:** Bei starkem Schmutz oder gefährlichen Substanzen im Fell könnte ein Bad erforderlich sein.

**Merke:** *Baden oder Duschen sollte nur im Notfall und unter Beachtung des Stressfaktors durchgeführt werden. Außerdem ist darauf zu achten, dass kein Shampoo oder Wasser in Augen, Nase, Schnauze oder Ohren gelangt – besser gar nicht mit der Brause in Kopfnähe kommen, sondern etwaige Verschmutzungen am Kopf nur vorsichtig mit einem feuchten weichen Tuch entfernen.*

# WELLNESS FÜR KATZEN: WAS BRAUCHEN SIE FÜR DIE RUNDUM-WOHLFÜHLPFLEGE?

Zoey: „Auch Katzen brauchen und genießen Pflege in vielerlei Hinsicht. Ich, Zoey, die nicht so viel Fell verliert, möchte euch ein bisschen von unserem Alltag erzählen. Je nach Zeit werden wir sechs Katzen jede Woche oder alle zwei Wochen gebürstet. Wir verlieren nämlich ziemlich viele Haare, und oft sieht die Wohnung aus, als hätte lange niemand gesaugt, obwohl gerade erst gesaugt wurde. Besonders im Sommer ist es wichtig, dass wir gut gebürstet werden, um die lose Unterwolle zu entfernen und uns abzukühlen.

Krallen schneiden ist nicht immer nötig, denn wir Katzen kümmern uns normalerweise selbst darum, indem wir an Kratzbäumen oder anderen geeigneten Oberflächen kratzen. Aber manchmal, besonders wenn wir älter werden oder nicht mehr so aktiv sind, kann es wichtig sein, unsere Krallen zu kürzen. Das gilt auch, wenn wir überall hängen bleiben – dann schauen unsere Menschen nach, ob die Krallen vielleicht etwas gestutzt werden müssen.

Ich selbst lasse mich nicht so gerne bürsten, aber zum Glück haare ich auch kaum. Toffee und Hugo hingegen lieben das Bürsten und entspannen dabei richtig. Es ist gut, schon bei kleinen Katzen damit anzufangen, damit sie sich daran gewöhnen und verstehen, dass es nichts Schlimmes ist. Manchmal helfen auch Leckerlis, um uns zu beruhigen und die Pflege zu einem angenehmen Erlebnis zu machen."

Zoey: „Unsere Menschen kontrollieren auch regelmäßig unsere Augen und reinigen sie, falls sie tränen oder verschmutzt sind. Bei mir ist das besonders wichtig, weil ich Hautausschläge habe und deshalb Silberwasser bekomme. Das hilft gut und wird auch bei Menschen verwendet. Außerdem habe ich manchmal Kinnakne – das sind schwarze Punkte am Kinn, die durch Allergien oder Essensreste entstehen. Bei mir liegt es an einer Futtermittelallergie. Die Kinnakne kommt in Schüben, aber mit der richtigen Pflege ist sie schnell behandelt. Ich möchte deshalb nochmal sagen, dass unsere Menschen darauf achten und rechtzeitig handeln sollten, um uns vor Unwohlsein zu schützen."

## Zähneputzen bei Katzen – Sinnvoll oder überflüssig?

Du weißt es schon: Auch Katzen können Zahnprobleme bekommen – Zahnstein, Entzündungen oder schmerzhafte Zahnfleischerkrankungen sind keine Seltenheit. Viele Katzenbesitzer sind überrascht, wenn der Tierarzt zur Zahnpflege rät. Deshalb möchte ich dir jetzt nochmal genauer erklären, warum Zähneputzen sinnvoll ist.

### Darum ist Zahnpflege wichtig

Katzen nutzen ihre Zähne nicht nur zum Fressen, sondern auch zum Halten und Zerlegen ihrer Beute. In der Natur sorgt der Verzehr von Knochen und Sehnen für eine natürliche Reinigung der Zähne. Hauskatzen hingegen fressen oft weiches Futter, das sich an den Zähnen ablagern kann. Dadurch entsteht Zahnbelag, der sich zu Zahnstein verhärtet und Entzündungen verursachen kann. Besonders gefährdet sind ältere Katzen oder solche, die zu Zahnproblemen neigen.

### Wie gewöhnt man Katzen ans Zähneputzen?

Nicht jede Katze lässt sich sofort die Zähne putzen – Geduld und Training sind gefragt:

① **Langsame Gewöhnung:** Zunächst nur mit sauberen Fingern oder einem weichen Tuch sanft über die Zähne und das Zahnfleisch streichen.

② **Spezielle Katzenzahnpasta verwenden:** Niemals Menschen-Zahnpasta nehmen! Katzenzahnpasta gibt es in leckeren Geschmacksrichtungen wie Huhn oder Fisch.

③ **Zahnbürste oder Fingerling nutzen:** Sobald sich die Katze an die Berührung gewöhnt hat, kann eine spezielle Katzenzahnbürste oder ein Fingerling zum Einsatz kommen.

④ **Kurze und sanfte Bewegungen:** Anfangs nur ein paar Zähne putzen und die Dauer langsam steigern.

⑤ **Loben und belohnen:** Leckerlis oder eine Spieleinheit nach dem Putzen helfen, die Erfahrung positiv zu verknüpfen.

### Alternativen zum Zähneputzen

Nicht jede Katze wird das Zähneputzen tolerieren. In solchen Fällen gibt es andere Möglichkeiten:

- Zahnreinigende Snacks oder Trockenfutter mit spezieller Struktur, die den Zahnbelag abreiben.
- Kaustangen oder Kauwurzeln, die helfen, die Zähne auf natürliche Weise zu reinigen.

- Zahnpflege-Gele oder Lösungen, die ins Trinkwasser gegeben werden können.
- Regelmäßige Kontrolle beim Tierarzt, um Zahnprobleme frühzeitig zu erkennen.

In jedem Fall ist es wichtig, regelmäßig auf Veränderungen im Mundraum zu achten und bei Problemen den Tierarzt aufzusuchen.

**Krallenschneiden bei Katzen**

Katzen kümmern sich meist selbst um ihre Krallen, aber in manchen Fällen – besonders bei älteren oder weniger aktiven Katzen – kann es nötig sein, sie zu kürzen. Wichtig dabei:

- **Nur die Spitzen schneiden:** Die Krallen enthalten Blutgefäße (den „Leben" genannten Bereich). Schneidet man zu tief, kann das schmerzhaft sein und bluten.
- **Helles Licht nutzen:** Bei hellen Krallen ist der durchblutete Bereich gut sichtbar, bei dunklen Krallen lieber vorsichtig nur die Spitze kürzen.
- **Geeignete Krallenschere verwenden:** Spezielle Krallenscheren oder -zangen erleichtern das Schneiden und verhindern Splittern.

- **Ruhige Umgebung schaffen:** Wenn die Katze entspannt ist, geht es leichter. Leckerlis als Belohnung können helfen.
- **Bei Unsicherheit den Tierarzt oder Groomer fragen:** Wer sich unsicher fühlt, kann sich das Schneiden beim ersten Mal zeigen lassen.

**So kann man Katzen ans Krallenschneiden gewöhnen:**

- **Früh beginnen:** Am besten schon im Kittenalter spielerisch an die Berührung der Pfoten gewöhnen.
- **Sanfte Berührung üben:** Regelmäßig die Pfoten streicheln und leicht drücken, um das Ausfahren der Krallen zu simulieren.
- **Schrittweise vorgehen:** Zuerst nur eine Kralle schneiden, dann nach und nach steigern, damit die Katze nicht überfordert wird.
- **Positive Verstärkung:** Leckerlis, Lob oder Streicheleinheiten nach jeder erfolgreichen Sitzung helfen, das Krallenschneiden mit etwas Positivem zu verknüpfen.
- **Geduld bewahren:** Manche Katzen brauchen Zeit, um sich daran zu gewöhnen. Nicht erzwingen, sondern langsam Vertrauen aufbauen.

**Wichtig:** *Falls die Katze sich stark wehrt oder sehr empfindlich reagiert, sollte man sie nicht zwingen. Viele Katzen nutzen von selbst ausreichend Kratzmöglichkeiten, sodass das Schneiden gar nicht nötig ist.*

## Interview: „Stubentiger-Geflüster mit Zoey" – Katze Zoey im Gespräch mit einem Experten zum Thema „Rundum-Wohlfühlpflege für Katzen"

Zoey: „Miau und herzlich willkommen zu einem neuen Interview, heute dreht sich alles um das Thema Wohlfühlpflege für uns Stubentiger! Wie können wir uns richtig verwöhnen lassen, damit wir rundum glücklich und gesund sind? Dafür habe ich einen Experten eingeladen. Hallo und schön, dass du hier bist!"

Experte: „Hallo Zoey, vielen Dank für die Einladung! Es ist toll, dass du dieses wichtige Thema ansprichst. Wohlfühlpflege für Katzen ist viel mehr als nur ein gutes Futter oder ein bequemes Bett – es geht um die gesamte körperliche und geistige Gesundheit."

Zoey: „Oh ja, das ist mir sehr wichtig! Also, was gehört denn alles zur Rundum-Wohlfühlpflege für Katzen?"

Experte: „Zur Rundum-Wohlfühlpflege gehört eine Vielzahl

von Aspekten. Natürlich beginnt alles mit der richtigen Ernährung – hochwertiges Futter, das auf die individuellen Bedürfnisse der Katze abgestimmt ist. Aber es geht auch um regelmäßige Fellpflege, ausreichend Bewegung und geistige Anreize, damit keine Langeweile aufkommt. Und nicht zuletzt spielt die Umgebung eine wichtige Rolle, damit sich eine Katze sicher und wohl fühlt."

Zoey: „Aha, ich liebe es, wenn mein Fell glänzt und frisch duftet! Aber was genau können meine Menschen tun, um mein Fell richtig zu pflegen?"

Experte: „Die Fellpflege ist besonders wichtig bei Langhaarkatzen. Regelmäßiges Bürsten hilft, Verfilzungen zu vermeiden und abgestorbene Haare zu entfernen. Bei Katzen mit kurzem Fell ist es auch wichtig, das Fell zu pflegen, um Hautprobleme zu verhindern. Außerdem sollte auf eine gesunde Ernährung geachtet werden, da dies den Zustand des Fells maßgeblich beeinflusst."

Zoey: „Das klingt einfach und lecker! Aber was ist mit meiner geistigen Gesundheit? Wie kann ich meinen Kopf fit und aktiv halten?"

Experte: „Geistige Anreize sind genauso wichtig wie körperliche Pflege! Du solltest genug Gelegenheit haben, zu spielen und zu jagen – und das nicht nur mit Spielzeugen, sondern auch durch interaktive Spiele, die dir helfen, deine Instinkte zu schärfen. Auch eine sichere Außenumgebung, in der du deine Umgebung erkunden kannst, kann deine geistige Gesundheit fördern. Klettermöglichkeiten und Kratzbäume sind ebenfalls wichtig, um dir Raum für Bewegung und Ausdruck zu geben."

Zoey: „Ja, ich liebe es, auf meinem Kratzbaum zu klettern und den Überblick zu behalten! Was gibt es noch, was für meine Rundum-Wohlfühlpflege wichtig ist?"

Experte: „Ein weiterer wichtiger Punkt ist das Thema Ruhe und Rückzug. Katzen sind unabhängige Tiere, die ihren eigenen Raum brauchen. Ein ruhiger Ort, an dem du dich ungestört zurückziehen kannst, ist genauso wichtig wie Zeit mit deinen Menschen. Außerdem sollte regelmäßig auf Zähne und Gelenke geachtet werden, besonders wenn Katzen älter werden. Eine angepasste Ernährung und sanfte Bewegung sind dann besonders wichtig, um lange fit zu bleiben."

Zoey: „Ich denke, ich kann es mir gemütlich machen und gleichzeitig gesund bleiben – klingt nach einem perfekten Leben! Vielen Dank für die tollen Tipps! Ich werde gleich meine Dosenöffner um noch mehr Streicheleinheiten bitten!"

Experte: „Es war mir eine Freude, Zoey! Denk daran, dass eine gute Pflege nie zu viel ist – es geht darum, dir ein glückliches und gesundes Leben zu ermöglichen. Und an alle Katzenfreunde da draußen: Denkt an die Bedürfnisse eurer Stubentiger und gebt ihnen, was sie brauchen, damit sie sich rundum wohlfühlen!"

Zoey: „Das werde ich auf jeden Fall tun, miau! Also, ihr Katzen, lasst euch nicht vergessen und holt euch auch mal eine Extra-Portion Streicheleinheiten. Bis bald!"

Sina: „Ja, die Fellpflege ist vor allem bei Langhaarkatzen wichtig. Dennoch dürfen auch Kurzhaarkatzen diese genießen. Manchmal kann es auch bei Katzen mit kurzem Fell vorkommen, dass dieses verfilzt. So war es schon einmal bei Amy. Dies kam jedoch erst mit dem Alter. Das liegt daran, dass sie sich weniger putzen und schwächer werden. Hierfür gibt es spezielle Bürsten, die das Genießen der Fellpflege unterstützen. Im schlimmsten Fall, wenn sie die Verfilzungen nicht lösen, kann man die betroffene Stelle auch herausschneiden. Hierbei sollte man aber immer auf die Sicherheit der Katze achten."

**Katzen scheren: Warum es in den meisten Fällen unnötig ist und wann es sinnvoll sein kann**

*Katzen benötigen keine regelmäßige Schur, da sie sich selbst um ihr Fell kümmern. Scheren kann mehr schaden als nützen, da das Fell wichtige Schutzfunktionen hat.*

**Wann es trotzdem sinnvoll sein kann:**

- **Verfilztes Fell:** Bei langhaarigen Katzen mit starken Verfilzungen kann eine Schur notwendig sein.
- **Medizinische Gründe:** Bei Hauterkrankungen oder Wunden kann das Scheren erforderlich sein.

**Wichtig:** *Scheren sollte nur in Ausnahmefällen und unter professioneller Hilfe erfolgen – versuche auf keinen Fall, deine Katze allein zu scheren.*

# DURCHFALL ALS ABWEHRATTACKE – ODER DOCH NUR PANIK?

Simba: „Bei uns im Zuhause habe ich schon viel miterlebt, aber einmal gab es ein Ereignis, das war echt der Wahnsinn! Es begann damit, dass Milo und Amy sich richtig heftig in die Wolle bekommen haben. Normalerweise sind solche Auseinandersetzungen ja nichts Neues, aber dieses Mal wurde es richtig wild. Die beiden haben sich nicht nur angefaucht und gejagt, sondern wie zwei Kampfkatzen auf einer Mission gekämpft.

Plötzlich, und jetzt wird es wirklich kurios, hat Amy mitten im Gefecht Durchfall bekommen. Ja, ihr habt richtig gehört. Und weil Milo natürlich direkt daneben war, hat er die volle Ladung abbekommen. Ich sag euch, das war ein Anblick, den ich so schnell nicht vergessen werde! Milo war völlig entsetzt, und ich war es auch – aber eher aus sicherer Entfernung.

Sina war im Wohnzimmer und hat das alles mitbekommen, aber sie ist nicht eingeschritten. Ich kann's verstehen, denn bei dieser Art von Katzenschlacht hätte sie sich nur selbst verletzt. Als der Kampf dann endlich vorbei war, stand fest: Milo musste unbedingt geduscht werden. Und das, liebe Leute, ist ein Kapitel für sich.

Im Gegensatz zu mir, der ich Wasser ganz okay finde, war Milo überhaupt nicht begeistert. Er hat sich gewehrt, als ginge es um sein Leben, und das ganze Badezimmer war danach ein Schlachtfeld aus Wasser, Seife und Miauen. Aber am Ende war er sauber – naja, und vielleicht auch ein bisschen beleidigt. Das Leben mit meinen Mitkatzen ist wirklich nie langweilig!"

## Kämpfe zwischen Katzen

Wenn Katzen kämpfen, sollte man nicht direkt einschreiten, da dies sowohl für die Katzen als auch für den Menschen gefährlich werden kann.

**Hier sind die wichtigsten Gründe:**

① **Verletzungsgefahr für den Menschen:** Katzen im Kampf sind in einem Zustand hoher Erregung und Aggression. Wenn man versucht, sie zu trennen, könnten sie den Menschen versehentlich mit ihren Krallen oder Zähnen verletzen.

② **Verletzungsgefahr für die Katzen:** Ein ungeschicktes Eingreifen könnte die Katzen zusätzlich verletzen. Beispielsweise könnte eine Katze durch das plötzliche Eingreifen des Menschen fallen, zubeißen oder sich stärker wehren.

③ **Stress und Trauma für die Katzen:** Ein abruptes Eingreifen kann die Situation eskalieren und die Katzen zusätzlich stressen, was längerfristige Probleme wie Angst oder Aggressivität verstärken könnte.

**Was kann man stattdessen tun?**

- **Lautes Geräusch machen:** Ein Klatschen oder ein anderer plötzlicher Ton kann die Katzen oft ablenken und den Kampf unterbrechen.
- **Wasser sprühen:** Ein sanfter Sprühstoß mit Wasser kann ebenfalls helfen, die Katzen zu trennen.
- **Barriere schaffen:** Man kann versuchen, ein Kissen oder einen Gegenstand zwischen die Katzen zu halten, ohne sie direkt zu berühren.
- **Abwarten und beobachten:** In manchen Fällen klären die Katzen den Konflikt von selbst, insbesondere wenn es sich nur um eine kurze Auseinandersetzung handelt.

Wenn sich Kämpfe wiederholen oder besonders heftig sind, sollte man die Ursache erforschen, z. B. territoriale Streitigkeiten, Stress oder gesundheitliche Probleme, und ggf. einen Tierarzt oder Verhaltenstherapeuten konsultieren.

# SOZIALLEBEN VON UND MIT KATZEN – NICHT IMMER EINFACH, ABER SPANNEND

Sina: „Zusammenführungen von Katzen sind immer ein spannendes Thema, und viele Katzenbesitzer machen sich unnötig Sorgen. Es ist völlig normal, dass nicht alle Katzen sich auf Anhieb verstehen, weil ihre Charaktere unterschiedlich sind. Wichtig ist, dass man den Katzen den Freiraum lässt, ihre Beziehungen selbst zu regeln. Die neue Katze sollte erst einmal in Ruhe ankommen, in einem separaten Raum, damit sie sich in der neuen Umgebung zurechtfinden kann. Sie sollte fressen, trinken und die neue Gegend in aller Ruhe erkunden.

Die anderen Katzen kann man dazuholen, wenn man merkt, dass sich die neue Katze gut fühlt. Ich habe die Katzen immer relativ schnell dazugeholt und es hat wunderbar funktioniert, sie zu sozialisieren. Mein Geheimtipp: Stresst euch nicht zu sehr, denn das überträgt sich auf die Katzen. Katzen finden immer selbst ihren Weg, Kontakte zu den anderen zu knüpfen.

Nicht jede Katze wird sich sofort integrieren, und es kann eine Weile dauern, bis sie sich verstehen. Besonders bei Katzen, die aus dem Tierheim kommen oder lange keinen Kontakt zu anderen Katzen hatten, sollte man mit Raumtrennung arbeiten. Diese Katzen sind oft nicht ausreichend sozialisiert und benötigen mehr Zeit, um sich an neue Gefährten zu gewöhnen. Geduld und ein respektvoller Umgang sind in diesen Fällen besonders wichtig.

**Merke:** *Zwang hilft bei Katzen überhaupt nicht – Geduld und Raum für die Katzen sind der Schlüssel.*

Bei Amy und Simba hat es auch gedauert. Amy war so klein und schüchtern, als sie zu uns kam – gerade mal acht Wochen alt. Eigentlich zu jung, um von der Mutter getrennt zu werden, aber es ging damals nicht anders. Simba war sofort neugierig, aber Amy war total ängstlich und hat gefaucht und geknurrt, wann immer er in ihre Nähe kam.

Simba hat das allerdings nicht aufgehalten. Er war so geduldig, ist immer wieder zu ihr hin und hat sich nicht von ihrem Fauchen abschrecken lassen. Nach zwei Wochen hatte er sie schließlich so weit, dass sie ihm vertraut hat. Er wurde wie ein Papa für sie – hat sie geputzt und richtig erzogen. Am Ende sind die beiden unzertrennlich geworden.

Viele Leute bekommen Panik, wenn Katzen sich anfauchen oder knurren, aber das gehört einfach dazu. Wenn man sich da einmischt, stört man mehr, als dass man hilft. Man muss ihnen Zeit geben, das unter sich zu regeln – nur bei ernsthaftem Ärger, wenn beispielsweise Blut fließt, sollte man eingreifen. Zur eigenen Sicherheit sollte man eher laut rufen oder einen Schuh werfen. Und wenn man selbst entspannt bleibt, überträgt sich das auch auf die Katzen."

**Katzenbiss und Katzenkratzer**

*Es kann immer passieren, dass deine Katze dich mal beißt oder kratzt – sei es im Spiel, aus Enttäuschung, als „Lass mich in Ruhe" aufgrund von Unwohlsein oder weil du dazwischen stehst, während sie gerade mit einem Artgenossen kämpft.*

**Wichtig** *zu wissen: Katzenbisse und -kratzer können gefährlich sein, da sie eine Vielzahl von Bakterien in die Haut übertragen können, darunter Pasteurella multocida, ein häufiges Bakterium im Speichel von Katzen. Kratzer können auch zu Infektionen wie der sogenannten Katzenkratzkrankheit führen, die durch das Bakterium Bartonella henselae verursacht wird.*

**Warum Katzenbisse und -kratzer gefährlich sind:**

① **Tiefe Wunden:** Katzenbisse sind oft tief und können Bakterien in schwer zugängliche Gewebeschichten einbringen, wo sie sich schnell vermehren.

② **Schnelle Infektion:** Innerhalb von 12-24 Stunden können Symptome wie Rötung, Schwellung, Schmerzen und Eiterbildung auftreten.

③ **Systemische Infektionen:** In schweren Fällen kann eine Infektion zu einer Blutvergiftung (Sepsis) führen, was lebensbedrohlich sein kann.

**Sofortmaßnahmen:**

① **Wunde reinigen:**

- Spüle die Wunde gründlich mit warmem Wasser aus.
- Verwende eine milde Seife, um die Stelle zu reinigen.

② **Desinfizieren:**

- Trage ein antiseptisches Mittel auf, um die Bakterien zu bekämpfen.

③ **Blutung stoppen:**

- Wenn die Wunde stark blutet, drücke ein sauberes Tuch auf die Stelle, um die Blutung zu stillen.

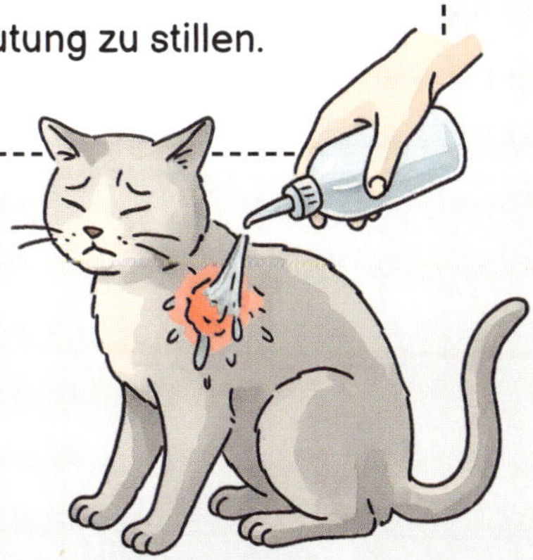

④ **Arzt aufsuchen:**

- Lass dich so schnell wie möglich medizinisch untersuchen, insbesondere bei tiefen Bissen oder wenn sich Symptome wie Schwellung oder Rötung entwickeln.
- Antibiotika sind oft notwendig, um Infektionen vorzubeugen oder zu behandeln.

**Warum ärztliche Hilfe wichtig ist:**

- **Hohe Infektionsrate:** Studien zeigen, dass 30-50% der Katzenbisse zu einer Infektion führen können.
- **Tetanusgefahr:** Wenn dein Tetanusschutz nicht aktuell ist, kann es zu schweren Komplikationen kommen.
- **Behandlung von Bartonellose:** Die Katzenkratzkrankheit erfordert möglicherweise eine spezielle Antibiotikabehandlung.

**Prävention:**

- Vermeide Situationen, in denen die Katze überfordert oder aggressiv werden könnte.
- Trage Handschuhe bei der Behandlung gestresster oder verletzter Katzen.
- Sorge für regelmäßige Krallenkontrolle und saubere Kratzmöglichkeiten, um das Risiko von Verletzungen zu minimieren.

## Katzen sind keine Einzelgänger – sie werden dazu gemacht

Katzen gelten oft als Einzelgänger, doch in Wahrheit sind sie soziale Tiere. In freier Wildbahn leben ihre nächsten Verwandten, wie die Falbkatzen, in lockeren Gruppen, und auch Hauskatzen bilden in geeigneten Umgebungen Gemeinschaften mit Artgenossen. Doch viele Katzen wachsen als Einzeltiere auf, ohne die Möglichkeit, mit anderen Katzen zu interagieren. Ihnen fehlt die Erfahrung, Körpersprache und soziale Signale richtig zu deuten, wodurch es zu Missverständnissen und Konflikten kommt.

Nicht die Natur macht Katzen zu Einzelgängern – der Mensch tut es. Durch isolierte Aufzucht oder fehlende Sozialisation verlieren sie die Fähigkeit, harmonisch mit Artgenossen zusammenzuleben. Das bedeutet nicht, dass sie von Natur aus lieber allein wären. Vielmehr fehlt ihnen schlicht die Übung, soziale Interaktionen zu meistern. Doch wer frühzeitig auf eine gute Vergesellschaftung achtet, kann beobachten, wie Katzen enge Freundschaften knüpfen, sich gegenseitig putzen, zusammen spielen oder einfach nur friedlich nebeneinander schlafen.

Natürlich gibt es immer Ausnahmen – einige Katzen bevorzugen tatsächlich ein Leben ohne Artgenossen. Doch das ist eher die Ausnahme als die Regel. Deshalb ist es am besten, Katzen nicht allein zu halten, sondern von Anfang an zwei zusammen aufzunehmen, idealerweise aus demselben Wurf oder bereits aneinander gewöhnt. So haben sie einen Spiel- und Kuschelpartner und lernen von klein auf, soziale Signale zu verstehen. Die Vorstellung der Katze als unnahbarer Einzelgänger ist also ein Mythos – einer, der oft erst durch menschliches Zutun zur Realität wird.

Freigängerkatzen hingegen haben einen entscheidenden Vorteil: Draußen begegnen sie regelmäßig anderen Katzen und können sich ihre Sozialkontakte selbst wählen. Sie schließen Freundschaften, verteidigen ihr Revier oder suchen gezielt Gesellschaft, wenn sie es möchten. Dadurch bleibt ihre soziale Kompetenz erhalten, und sie sind oft ausgeglichener als reine Wohnungskatzen, die ohne Artgenossen schnell vereinsamen können. Wer also eine Wohnungskatze hält, sollte besonders darauf achten, dass sie nicht allein ist – denn anders als Freigänger hat sie keine Möglichkeit, sich draußen Freunde zu suchen.

**Katzen-Erzählrunde: „Warum nicht alles immer einfach ist – und warum wir trotzdem zusammenhalten"**

Milo: „Als ich zu Sina kam, war ich etwa sechs Monate alt, also noch jung, aber schon richtig gut sozialisiert. Simba und Amy waren beide ein bisschen älter als ich, so drei bis vier Monate vielleicht. Die beiden hatten sich längst eingelebt, aber für mich war alles neu. Natürlich gab es am Anfang auch ein bisschen Gefauche und Geknurre – ist ja normal, wenn man plötzlich in ein neues Revier kommt. Aber das legte sich schnell. Ich bin von Natur aus ziemlich aufgeschlossen und neugierig, also hab ich die Situation einfach entspannt auf mich zukommen lassen. Nach zwei Tagen war die Sache eigentlich schon geklärt. Simba und Amy haben mich akzeptiert, und wir wurden ein richtig gutes Team.

Die Zusammenführung lief wirklich gut, weil ich schon früh gelernt hatte, mit anderen Katzen umzugehen. Das hat es mir leichter gemacht, mich in das neue Zuhause einzufügen – und nach kurzer Zeit war das Fauchen vergessen."

Zoey: „Als ich zu Sina kam, war ich anfangs super-ängstlich und trotzdem erinnere ich mich daran, dass die Zusammenführung eigentlich gut lief. Ich hab mich den ganzen Tag lang unter dem Sofa versteckt und brauchte echt meine Zeit, um mich an die neue Umgebung zu gewöhnen. Ein Tipp für alle, die eine neue Katze aufnehmen: Stellt das Futter und die Toilette in die Nähe vom Versteck, damit es der neuen Katze leichter fällt. Ich war jedenfalls froh, dass ich mich nicht so weit rauswagen musste."

Sina: „Erinnerst du dich noch an die erste Zeit mit Amy? Vielleicht kannst du davon den Lesern auch erzählen. Möglicherweise haben sie Katzen, bei denen es ähnlich ist."

Zoey: „Amy und ich ... naja, wir haben uns anfangs überhaupt nicht verstanden. Es gab immer wieder kleine Kämpfe, und manchmal flogen die Pfoten. Heute haben wir uns da besser arrangiert – wir gehen uns einfach aus dem Weg. Ab und zu gibt's noch ein bisschen Hauen, aber das passiert nur selten. Wahrscheinlich, weil wir jetzt in einem größeren Haus wohnen und mehr Platz haben, um uns aus dem Weg zu gehen."

Toffee: „Bei mir lief's total anders. Ich kam direkt rein und war vom ersten Tag an akzeptiert! Alle waren freundlich und aufgeschlossen, und ich habe mich sofort mit Simba, Amy und Milo verstanden. Eigentlich gab's da gar keinen Stress – so wie es bei Milo auch war. Ich streite mich mit niemandem, und auch heute verstehen wir uns alle richtig gut. Nur die Katzentoilette hat mir anfangs Probleme gemacht. Diese Klappe! Ich hab das einfach nicht kapiert und daher mein Geschäft lieber in der Dusche erledigt. Hat ein bisschen gedauert, bis ich das mit der Klappe lernte. Aber zum Glück hat mich niemand dafür böse angesehen – schließlich lernt man ja jeden Tag dazu. Was ich aber sagen kann, ist, dass Zoey nicht meine beste Freundin ist, seit sie oben wohnt. Wenn sie dann mal herunterkommt, brauche ich meinen Freund Hugo nur anzusehen. Dann weiß er, was ich vorhabe. Sie ist in dem Moment eine fremde und neue Katze. Sie muss wissen, wer hier unten der Boss ist. Daher ärgern wir beide sie immer. Sina findet das jedoch nicht so schön und geht jedes Mal dazwischen. Naja. Dann soll es wohl so sein. Ich werde trotzdem versuchen, sie zu ärgern, wenn Sina nicht hinschaut."

Hugo: „Ich kam zu Sina, als ich fast ein Jahr alt war – unkastriert. Das hat für ziemlichen Ärger gesorgt. Simba, der schon immer der Chef im Haus war, konnte meinen Geruch gar nicht leiden. Potente Kater riechen anders und das stellt sie automatisch an die Spitze, aber Simba wollte seinen Rang nicht abgeben. Es gab von Anfang an Stress zwischen uns. Ich war deswegen total ängstlich, fast panisch. Wenn jemand versucht hat, mich zu streicheln, bin ich sofort weggelaufen. Am liebsten hockte ich in irgendeiner Ecke, weit weg von den anderen – ich wollte einfach meine Ruhe, keinen Kontakt zu den Menschen und auch nicht zu den anderen Katzen. Zum Glück hat Sina schnell einen Termin für die Kastration gemacht."

Sina: „Heute ist es zum Glück nicht mehr so. Wir haben herausgefunden, dass Simba durch seine Erkrankung oft Schmerzen hatte. Daher nehme ich an, dass sein Verhalten darauf zurückzuführen war. Wenn ich beispielsweise Kopfschmerzen habe, möchte ich auch, dass man mich in Ruhe lässt. Vermutlich geht es auch anderen Menschen und Katzen so."

Hugo: „Je älter man ist, desto schwieriger ist die Zusammenführung mit unseren Artgenossen. Das hat sich bei mir deutlich gezeigt. Nach der Kastration ging es ein bisschen besser. Ich lebte mich langsam ein. Ich verbrachte meine Zeit auf der Empore, von wo aus ich alles im Blick hatte, aber nach und nach bin ich auch mal runtergekommen. Simba hat mich sogar geputzt, aber trotzdem blieb immer eine gewisse Spannung zwischen uns. Ich gebe es ja ungern zu, aber wir Katzen sind wirklich komische Wesen, wir sind so eigen, dass man unser Verhalten oft nicht versteht. Simba wollte immer wieder Kontakt zu mir aufnehmen, aber ich war einfach zu ängstlich. Sina hat uns erstmal machen lassen, aber als wir dann umgezogen sind, wurde es noch schlimmer. Die Rangordnung im Haus hat sich komplett verändert, und Simba und ich hatten ständig Streit – oft auch ziemlich schlimm. Ich hatte wirklich Angst vor ihm. Ich kam nicht mal ins Wohnzimmer, wenn Simba da war. Es war einfach zu gefährlich. Manchmal kam Sina nach Hause und fand überall meine Haarbüschel – so heftig waren die Kämpfe. Sie hat dann einen Katzenpsychologen geholt, und das hat wirklich geholfen. Das Clickertraining war unsere Rettung. Simba und ich haben zusammen Leckerlis bekommen, wenn wir nahe beieinander saßen. Der Clicker machte uns klar, dass das etwas Positives ist. Langsam, ganz langsam, haben wir beide verstanden, dass es nichts Schlechtes ist, in der Nähe des anderen zu sein. Heute gehen wir uns immer noch aus dem Weg, aber es gibt keinen großen Streit mehr. Inzwischen komm ich sogar ins Wohnzimmer, wenn Simba da ist – außer er kuschelt gerade mit Sina. Dann warte ich lieber ab. Mit Toffee bin ich dagegen die besten Freunde. Wir spielen zusammen, putzen uns gegenseitig, da gibt es nie Probleme."

Sina: „Ich habe oft den Rat von anderen Menschen gehört, dass ich doch einfach eine meiner Katzen abgeben sollte, wenn es Probleme gibt. Aber das kommt für mich überhaupt nicht in Frage. Meine Katzen sind meine Familie, und ich würde niemals eine von ihnen aufgeben. Stattdessen probiere ich lieber alles Mögliche aus, um eine Lösung zu finden. Es ist nicht immer einfach, und es gibt Momente der Verzweiflung – das gebe ich zu. Aber ich glaube fest daran, dass es für jedes Problem eine Lösung gibt, man muss sie nur finden. Ich mache alles, was in meiner Macht steht, damit es besser wird. Egal, wie schwierig es manchmal ist – meine Katzen haben es gut bei uns, und ich werde immer einen Weg finden, um das Zusammenleben für alle so angenehm wie möglich zu gestalten."

Zoey: „Ich weiß, dass mein Markieren für die Menschen manchmal echt nervig ist. Vor allem, wenn sie nicht verstehen, warum ich es tue. Aber was soll ich sagen? Manchmal ist einfach alles zu viel für mich. Besonders seitdem wir umgezogen sind, denn vorher habe ich nie markiert. Dieser Umzug war einfach der pure Stress für mich. Ich konnte nicht anders. Wenn fremde Menschen wie Handwerker im Haus sind, fühle ich mich gestresst und unsicher. Ich meine, sie laufen einfach überall herum, machen Krach und bringen alles durcheinander – da kann ich nicht anders. Es ist nicht so, dass ich das absichtlich mache. Aber die Veränderungen, das Unbekannte ... das macht mir Angst. Die Psychologen haben gesagt, dass es wohl daran liegt, dass mich irgendetwas stört, aber ich kann das nicht so gut ausdrücken wie die Menschen. Sina und der Tierarzt haben zunächst gedacht, dass ich nicht richtig kastriert wurde. Dies wurde untersucht und festgestellt, dass alles richtig gemacht wurde. Sie haben mich sozusagen auf den Kopf gestellt, um herauszufinden, warum ich das Markieren begann. Sina hat sogar mit Psychologen gearbeitet, aber das hat nicht so viel geholfen. Daher hat sie dann entschieden, mir mein eigenes Reich fernab der anderen Katzen zu schaffen, womit ich wirklich sehr zufrieden bin. Zusätzlich haben die Menschen auch meine Hormone getestet, um zu sehen, ob da was nicht stimmt. Es ist kompliziert. Ich will ja auch nicht, dass Sina sich Sorgen macht. Aber manchmal muss ich einfach meinen Duft verteilen, damit ich mich wieder sicher fühle. Das ist meine Art, mit Stress umzugehen."

## Kastration – warum ist das wichtig?

Für mich ist klar: Man sollte Katzen auf jeden Fall kastrieren – außer man ist Züchter in einem Verein. Vermehren ohne Plan ist einfach keine Option. Es gibt schon so viele Katzen, die kein Zuhause haben, die auf der Straße leben oder an Krankheiten leiden. Es ist traurig, wie viele Tiere ungewollt geboren werden und dann ein Leben in Not führen.

Deshalb ist es so wichtig, dass sowohl Kater als auch Katzen kastriert werden. Es ist der beste Weg, um Überpopulation und Leid zu verhindern – und es hilft den Katzen selbst, ein stressfreieres Leben zu führen.

Wichtig ist auch, dass alte Gerüchte wie „Katzen müssen einmal in ihrem Leben trächtig sein" nicht stimmen. Dies hat man früher gesagt, aber mittlerweile weiß man es einfach besser.

### Der ideale Zeitpunkt für die Kastration

Die Kastration bei Katern sollte noch stattfinden, bevor sie geschlechtsreif werden und mit dem Markieren beginnen. Wenn ein Kater bereits das Verhalten entwickelt hat, kann es sein, dass das Markieren und der intensive Geruch auch nach der Kastration bestehen bleiben, da dieses Verhalten manchmal zur Gewohnheit wird.

Die Kastration einer Katze sollte idealerweise vor der ersten Rolligkeit erfolgen. Rolligkeit bedeutet für Katzen enormen Stress, weshalb ich persönlich empfehle, den Eingriff frühzeitig durchführen zu lassen. Ich habe alle meine Katzen, außer Hugo und Milo, im Alter von etwa sechs Monaten kastrieren lassen. Wer möchte, kann sich auch für eine Frühkastration entscheiden – viele Züchter geben ihre Katzen bereits kastriert ab.

Eine frühe Kastration hat mehrere Vorteile: Sie verhindert unerwünschten Nachwuchs und senkt das Risiko für gesundheitliche Probleme wie Gebärmutterentzündungen oder Gesäugekrebs. Zudem kann sie das Leben einer Katze verlängern, da unkastrierte Tiere häufiger unter hormonbedingtem Stress leiden und sich durch Revierkämpfe oder die Suche nach einem Paarungspartner in gefährliche Situationen begeben. Die Kastration ist daher eine verantwortungsbewusste Entscheidung, die nicht nur der Katze selbst zugutekommt, sondern auch dazu beiträgt, die Zahl heimatloser Katzen zu reduzieren.

**Unterschied zwischen Kastration bei Katzen und Katern**

① **Kastration bei Katern:**

- **Eingriff:** Die Hoden werden durch einen kleinen Schnitt im Hodensack entfernt. Der Eingriff ist minimalinvasiv und erfordert nur eine kurze Narkose. Die Wunde wird in der Regel nicht genäht, da sie klein ist und von selbst verheilt.
- **Erholung:** Kater erholen sich in der Regel sehr schnell und können meist schon am nächsten Tag wieder normal aktiv sein.

② **Kastration bei Katzen:**

- **Eingriff:** Bei Katzen werden die Eierstöcke entfernt, und oft zusätzlich die Gebärmutter (je nach Methode und Gesundheitszustand der Katze). Dies geschieht über einen Schnitt am Bauch.
- **Erholung:** Katzen benötigen mehr Zeit zur Erholung, da die Operation invasiver ist. Nach dem Eingriff sind Schmerzmittel und eine gute Nachsorge notwendig, um die Wundheilung zu fördern.

### Warum eine Sterilisation nicht ausreicht

Viele denken, man könnte Katzen auch einfach sterilisieren, aber das ist aus meiner Sicht keine gute Lösung. Bei einer reinen Sterilisation werden nur die Eileiter durchtrennt, wodurch zwar keine Fortpflanzung mehr möglich ist, aber der Hormonzyklus bleibt erhalten. Das bedeutet: Die Katze wird weiterhin rollig – inklusive aller Verhaltensweisen wie lautem Miauen, Unruhe oder dem typischen Katzenbuckel. Das verursacht Stress – nicht nur für den Menschen, sondern vor allem auch für die Katze. Bei einer Kastration hingegen werden die Eierstöcke entfernt, wodurch die hormonellen Auslöser für die Rolligkeit wegfallen. Wer also verhindern möchte, dass die Katze rollig wird, sollte sich in jedem Fall für die Kastration entscheiden – erst recht, weil es infolge der Sterilisation zu Dauerrolligkeit kommen kann.

**Dauerrolligkeit bei Katzen: Definition und Gefahren**

*Dauerrolligkeit bezeichnet einen Zustand, bei dem eine weibliche unkastrierte Katze entweder sehr häufig oder ununterbrochen rollig ist. Normalerweise dauert eine Rolligkeit etwa 5-7 Tage und tritt in Intervallen von 2-3 Wochen auf (was an sich schon sehr häufig ist), abhängig von Faktoren wie Jahreszeit, Lichtverhältnissen und dem Kontakt zu potenziellen Partnern. Bei einer Dauerrolligkeit bleiben diese Intervalle aus, und die Katze zeigt kontinuierlich die typischen Verhaltensweisen und Symptome der Rolligkeit.*

**Ursachen:**

- Hormonelle Störungen, bei denen die Produktion von Östrogen konstant bleibt.
- Fehlfunktion der Eierstöcke, beispielsweise durch Zysten oder Tumore.
- Umweltbedingungen wie künstliches Licht, das den natürlichen Zyklus der Katze stört.

**Gefahren und Risiken:**

① **Körperliche Erschöpfung:** Dauerrolligkeit ist für den Körper der Katze sehr anstrengend, da der Hormonspiegel dauerhaft hoch bleibt. Dies kann zu Gewichtsverlust, Schwächung des Immunsystems und chronischer Erschöpfung führen.

② **Erhöhtes Risiko für Gebärmutterentzündungen (Pyometra):** Ein dauerhafter Einfluss von Östrogen erhöht die Gefahr einer Infektion oder Entzündung der Gebärmutter, was lebensbedrohlich sein kann.

③ **Tumorrisiko:** Langfristig können hormonelle Störungen die Entstehung von Tumoren an den Eierstöcken oder in der Brust fördern.

④ **Stress für die Katze und den Besitzer:** Dauerrolligkeit geht mit lauten Rufen, Unruhe und ständiger Aufmerksamkeitssuche einher, was für die Katze stressig und für den Halter belastend sein kann.

**Behandlung:** Die sicherste und nachhaltigste Methode, um Dauerrolligkeit zu verhindern oder zu behandeln, ist die Kastration. Bei bestehender Dauerrolligkeit sollte vor einer Operation jedoch geklärt werden, ob andere gesundheitliche Probleme wie Zysten oder Tumore vorliegen.

# WARUM WEIHNACHTEN FÜR KATZEN GEFÄHRLICH IST

Die Weihnachtszeit bringt nicht nur festliche Stimmung, sondern auch einige potenzielle Gefahren für Katzen. Schon bei der Wahl des Weihnachtsbaumes sollte man aufpassen: Manche Tannenarten wie die Nordmanntanne oder die Blaufichte enthalten ätherische Öle, die für Katzen schädlich sein können. Zudem sind gespritzte Bäume tabu – die Chemikalien können durch Lecken oder Knabbern aufgenommen werden und gesundheitliche Probleme verursachen. Wer auf Nummer sicher gehen möchte, greift am besten zu einem künstlichen Baum. Dieser verliert keine Nadeln, die verschluckt werden könnten, und bleibt stabil, wenn die Katze daran schnuppert oder sich darin versteckt.

Auf Lametta sollte unbedingt verzichtet werden. Die glänzenden Fäden wirken auf Katzen oft wie Spielzeug, können aber verschluckt werden und zu lebensgefährlichen Darmverschlüssen führen. Auch Glaskugeln sind keine gute Wahl – sie können herunterfallen, zerbrechen und zu Schnittverletzungen führen. Alternativen aus Kunststoff oder Holz sind sicherer. Ebenso problematisch ist loser Glitzer, der von Dekoartikeln oder Geschenken herabrieselt. Katzen können ihn unbemerkt aufnehmen, was ihre Gesundheit gefährdet.

**Wichtig:** *Nicht nur der Baum, sondern auch Adventskränze und sonstige Deko sollten katzensicher gestaltet werden. Wer auf echte Zweige verzichtet und stattdessen einen künstlichen Kranz wählt, vermeidet Nadeln und Harze, die für Katzen giftig sein können. Dekoration mit Zimtstangen oder duftenden Ölen sollte vermieden werden, da viele ätherische Öle für Katzen gefährlich sind.*

Du siehst, Weihnachten und Katzen müssen sich nicht ausschließen – mit etwas Planung und katzensicherer Deko könnt ihr zusammen die Feiertage stressfrei genießen.

# SILVESTER - ODER DIE GROSSE ANGST VOR DEM KNALL

Für viele Katzen ist Silvester alles andere als ein Grund zum Feiern. Während einige das Feuerwerk vielleicht nur mit großen Augen beobachten, reagieren andere mit Stress, Unruhe oder sogar Panik. Deshalb ist es wichtig, frühzeitig Maßnahmen zu treffen, um die Nacht so angenehm wie möglich zu gestalten.

Wenn deine Katze empfindlich auf die lauten Geräusche reagiert, hilft es, die Fenster zu schließen und mit Rollläden oder dichten Vorhängen abzudunkeln. So werden nicht nur die Lichtblitze abgefangen, sondern auch ein Teil des Lärms gedämpft. Ein laufender Fernseher oder das Radio können für eine vertraute Geräuschkulisse sorgen. Auch Entspannungsmusik oder spezielle „Katzen-Playlists" wirken oft beruhigend.

Lass möglichst das Licht an – denn ein heller, ruhiger Raum vermittelt vielen Katzen mehr Sicherheit als völlige Dunkelheit. Noch wichtiger ist jedoch, dass du als Bezugsperson Ruhe ausstrahlst. Katzen orientieren sich stark an deinem Verhalten – wer hektisch oder besorgt wirkt, überträgt die Unruhe ungewollt aufs Tier.

**Tipp:** *Bereite deiner Katze einen Rückzugsort, in den sie sich zurückziehen kann – etwa eine Kuschelhöhle oder eine gepolsterte Transportbox an einem ruhigen Platz. Wenn du nicht zu Hause bist, sorge vor: geschlossene Fenster, keine Möglichkeit zur Flucht nach draußen und idealerweise eine Betreuungsperson, die regelmäßig nach dem Rechten sieht.*

# SKURRILE ABENTEUER, DIE WIR DIR UNBEDINGT NOCH ERZÄHLEN WOLLEN

Hugo: „Also, lass mich dir mal von einem meiner größten Abenteuer erzählen! Ich habe ein leckeres Futter bekommen – du weißt schon, das Zeug, das einfach zu gut ist, um widerstehen zu können. Ich dachte mir: ‚Super, ich mach jetzt mal ein bisschen Chill-out auf dem Kratzbaum!' Also bin ich fröhlich hochgeklettert und habe die Aussicht genossen. Doch dann ... oh, was für ein Fehler!

Auf einmal, ohne Vorwarnung, kam es heraus – und zwar mit voller Wucht! Ich hab alles vollgebrochen, und ich meine wirklich alles! Es spritzte schön an der Wand entlang, und ich dachte nur: ‚Oh mein Gott, was habe ich getan?!'

Ich konnte den Blick in Sinas Gesicht förmlich sehen: ‚Wie soll ich das nur sauber bekommen?' Ich meine, ich wollte einfach nur mal zeigen, wie gut ich gefressen habe! Ein bisschen Kunst an der Wand kann doch nicht schaden, oder?

Und weißt du, was das Lustigste daran war? Sina hat mir erstmal einen schockierten Blick zugeworfen, bevor sie anfing, das Chaos zu beseitigen. Ich hab mich einfach zurückgelehnt und zugeguckt. Das war ein echter Auftritt! Das nächste Mal überlege ich mir vielleicht, ob ich wirklich so viel fressen sollte, bevor ich auf meinen Kratzbaum hüpfe! Aber hey, eine kleine Show muss sein!"

Toffee: „Also, du glaubst nicht, was mir einmal passiert ist! Ich habe ein richtig cooles Laufrad für Katzen bekommen. Das Ding sieht aus wie ein Rad für überambitionierte Katzen – und ich war total aufgeregt! Aber an dem Tag hatte ich irgendwie ein komisches Bauchweh. Ich dachte mir: ‚Ach, das wird schon!' Also hopste ich fröhlich ins Laufrad.

Aber während ich so fröhlich im Kreis rannte, kam plötzlich das Unvorstellbare! Ich habe ein klebendes, weiches Häufchen gemacht! Ja, genau! Und während ich weiterlief, rutschte dieses Häufchen einfach mit mir mit – als wäre es mein persönlicher Weggefährte!

Das war das Lustigste! Ich lief weiter und weiter, und das Häufchen hatte eine ganz eigene Reise. Überall in meinem Zimmer hinterließ ich kleine Überraschungen! Es war, als ob ich eine Schnitzeljagd für Sina veranstaltet hätte!

Ich stelle mir vor, wie sie reinkommt und denkt: ‚Was ist hier denn los?' Ich habe dann gemerkt, dass ich meine ganz eigene Deko für das Zimmer kreiert habe. Vielleicht sollte ich ein Kunstprojekt draus machen: ‚Das unaufhaltsame Häufchen – eine Hommage an die Freiheit der Katzen!' Naja, beim nächsten Mal werde ich vielleicht erstmal auf die Toilette gehen, bevor ich ins Laufrad springe. Aber hey, was ist schon ein bisschen Chaos in einem Katzenleben?"

Zoey: „Wenn ich mal bei den anderen Katzen unten bin, genieße ich oft die Zeit auf dem Balkon, denn da lässt es sich gut entspannen. Das Laufrad mag ich aber auch ganz gerne. Früher, als ich noch bei den anderen gewohnt habe, habe ich es sogar auf meine Weise markiert – naja, ich hab hineingepinkelt, um zu zeigen, dass es mir gehört. Das hat Sina nicht so gut gefallen, besonders weil ich trotzdem weitergelaufen bin.

Irgendwann hat sie dann ein neues Laufrad gekauft, das komplett abwaschbar ist. Fand ich zwar etwas übertrieben, aber ich muss zugeben, es ist schon ganz schick. Jetzt nutze ich es einfach ohne große Markierungen – meistens jedenfalls!"

Amy: „Zoey hat einmal ein Haar von Sina gefressen, und das führte zu einem ziemlich unangenehmen Vorfall. Sina hat ja richtig lange Haare, und als Zoey auf der Toilette war, musste sie ihr Häufchen machen. Doch das Haar hing in ihrem Po fest und hinderte sie daran, es richtig rauszudrücken. Also rutschte sie auf ihrem Po durch die Wohnung und dekorierte dabei den Boden. Es war ein ziemliches Durcheinander. Sina musste ihr dann helfen, doch trotz des Bedauerns konnte sie sich ein Lächeln nicht verkneifen. Zoey sah einfach zu komisch aus!"

Sina: „Das Zusammenleben mit Katzen ist manchmal wie ein verrückter Zirkus! Ich meine, ich liebe meine kleinen Fellnasen über alles, aber manchmal gibt's da so … besondere Momente!

Nehmen wir mal an, du bist nach einem langen Tag zu Hause, und alles scheint ruhig zu sein. Du setzt dich gemütlich auf die Couch und plötzlich bemerkst du, dass es etwas seltsam riecht. Ein Blick um die Ecke, und schon siehst du, dass deine Katzen es wieder geschafft haben: Sie haben noch einen kleinen ‚Schmuck' am Po!

Du weißt schon, wie das läuft! Kaum ist der Kot noch ein bisschen am Fell, wird die ganze Wohnung zur Leinwand für ihre Kunstwerke. Es ist fast so, als ob sie sich denken: ‚Heute machen wir mal Teppich-Deko!'

Also, da bin ich, auf dem Teppich unterwegs, und da sind sie – die kleinen Künstler, die sich fröhlich am Teppich und den Stühlen abstreifen. Ich sehe das Chaos und denke mir: ‚Wow, die sind echt kreativ!' Das ist wirklich der Moment, in dem du dir wünschst, dass deine Katze die nächste große Sache im Kunstbetrieb wird!

Ich meine, wer braucht schon teure Kunstwerke, wenn du einen Kater hast, der ein Meisterwerk auf deinem Stuhl hinterlassen kann? Einfach normal, oder? So sieht der Alltag mit Katzen aus! Und ich kann dir sagen, ich werde nie wieder nach dem neuesten Trend in der Inneneinrichtung schauen, wenn ich stattdessen ein echtes ‚Katzenschmuckstück' zu Hause habe!"

Simba: „Du weißt ja, als Kater habe ich so meine eigenen Regeln, und manchmal sind die einfach ein bisschen ... unorthodox. Ein ganz normaler Tag, ich mache meine Geschäfte – du weißt schon, das übliche – und plötzlich habe ich einfach die totale Eingebung! Warum in aller Welt soll ich immer auf die Toilette gehen, wenn ich das Häufchen einfach auch neben die Toilette machen kann?

Ich meine, hey, ich bin ein Kater mit Stil, und manchmal braucht man einfach einen kleinen Platzwechsel! Vielleicht wollte ich einfach mal die Aussicht verändern oder den Boden mit meinem persönlichen Kunstwerk verschönern. Wer sagt, dass alles immer nach Vorschrift laufen muss?

Und dann kommt Sina rein. Oh mein Gott, du hättest ihren Gesichtsausdruck sehen sollen! Es war, als ob sie in eine Katastrophe gelaufen wäre. Sie guckt mich an und fragt sich, warum ich das gemacht habe, und ich dachte mir nur: ‚Naja, es ist halt ein neues Projekt, ich nenne es Kunst der Unordnung.'

Ich meine, warum sollte ich mich an die Regeln halten, wenn ich die Wohnung so viel spannender machen kann? Also, ja, ich habe manchmal mein Häufchen neben die Toilette gesetzt. Das ist meine Art, ein bisschen mehr ‚Feline Flair' in unser Zuhause zu bringen. Und wenn Sina meckert? Naja, das gehört ja irgendwie dazu, oder? Immerhin mache ich das alles für die Kunst!"

**Warum Katzen neben ihre Toiletten machen**

*Katzen können aus verschiedenen Gründen neben ihre Toilette machen. Hier die häufigsten:*

① **Stress:** Katzen sind sehr sensibel gegenüber Veränderungen in ihrer Umgebung. Umzüge, neue Mitbewohner oder Veränderungen im täglichen Leben können Stress verursachen und dazu führen, dass die Katze ihre Toilette nicht benutzt.

② **Unsauberkeit:** Katzen sind sehr reinlich und bevorzugen eine saubere Toilette. Wenn die Katzentoilette nicht regelmäßig gereinigt wird, kann dies dazu führen, dass sie außerhalb der Toilette ihr Geschäft verrichten.

③ **Erkrankungen:** Krankheiten wie Harnwegsinfektionen, Blasenentzündungen oder Verstopfung können dazu führen, dass Katzen ihre Toilette nicht erreichen können oder nicht möchten. Schmerzen oder Unbehagen während des Toilettengangs können dieses Verhalten auslösen.

④ **Falsche Toilette:** Manche Katzen mögen bestimmte Arten von Toiletten nicht, sei es aufgrund der Streu, der Größe der Box oder der Position der Toilette. Eine Änderung der Toilette kann helfen, das Problem zu lösen.

⑤ **Reviermarkierung:** Katzen markieren manchmal aus territorialen Gründen, besonders wenn sie sich unsicher fühlen oder wenn es Veränderungen im Haushalt gibt. Dies kann insbesondere bei unsterilisierten Katzen der Fall sein.

**Wichtig:** *Wenn eine Katze regelmäßig neben die Toilette macht, sollte zunächst der Tierarzt aufgesucht werden, um gesundheitliche Probleme auszuschließen, und dann können verschiedene Anpassungen an der Katzentoilette oder der Umgebung vorgenommen werden, um das Verhalten zu ändern.*

Sina: „Es war ein Tag wie jeder andere, und ich war gerade dabei, in Ruhe zu arbeiten. Ich hatte extra darauf geachtet, die Tür mit einer Zwischentür zu sichern, um Milo drinnen zu halten. Doch irgendwie hat er es geschafft, sich unauffällig rauszuschleichen. Ich war so vertieft in meine Arbeit, dass ich es überhaupt nicht bemerkte.

Eine Stunde später kam mein Freund nach Hause und sagte, ich solle mal nach draußen schauen. Als ich rausguckte, entdeckte ich Milo bei den Mülltonnen der Nachbarn – ganz allein und frei. Ich war erstmal geschockt, aber dann schaute ich mir die Aufzeichnungen unserer Kamera an und stellte fest, dass er die ganze Zeit umherlief, als wäre es das Normalste der Welt.

Es kam noch besser: Plötzlich bekam Milo Angst. Er versteckte sich unter meinem Auto, wie ein kleiner Strolch, der sich nicht erwischen lassen wollte. Als ich schließlich die Tür öffnete, hörte er sofort das Geräusch und rannte so schnell wie möglich zurück ins Haus, als ob er nie draußen gewesen wäre. Es war wirklich ein Abenteuer für ihn – und für mich ein bisschen nervenaufreibend!"

Sina: „Ich war gerade auf einer Party, als ich einen Blick auf die Uhr warf. Oh nein, es war höchste Zeit, nach Hause zu gehen und die Katzen zu füttern! Die Vorstellung, dass einer meiner kleinen Vierbeiner hungrig auf mich wartet, ließ mich förmlich aus der Tür fliegen. Ich kam also gerade rechtzeitig an, schloss die Tür auf und rief: ‚Hallo, meine kleinen Monster! Zeit für Futter!'

Aber dann passierte das Unvermeidliche: Während ich fröhlich durch den Flur im Dunkeln tippte, noch ganz in Partylaune und mit meinen schicken Socken, trat ich in etwas Weiches und Glitschiges. Mein Herz setzte kurz aus, als ich realisierte, dass ich gerade in das Erbrochene einer meiner Katzen getreten war. ‚Oh mein Gott!' schrie ich, während ich ausrutschte und die Wände mit einem verrückten Tanz vor dem Sturz warnte. Ich schaffte es gerade noch, mich zu fangen, aber die Vorstellung, mit Socken in diesem Chaos zu stecken, war einfach zu viel!

Ein schnelles Füttern der Katzen wurde also zum Rutschpartie-Event der besonderen Art. Ich warf einen Blick auf die Verursacher und dachte mir: ‚Warum müssen wir immer solche Abenteuer erleben?'"

Sina: „Bevor ich die Wohnung verlasse, ist es wie ein Ritual für mich – ich zähle immer alle Katzen, auch wenn ich genau weiß, dass sie da sind. Es ist ein bisschen wie ein Spiel, das niemand gewinnen kann, und trotzdem mache ich es jedes Mal. Ich schaue in die Küche, ins Wohnzimmer, unter die Tische, und immer wieder denke ich: ‚Wo könnten sie nur sein?'

Ich habe sie alle im Kopf, die kleinen Monster, die sich immer in den unmöglichsten Ecken verstecken. Manchmal haben sie sogar die Frechheit, in ihren eigenen Schlafplätzen zu liegen, und trotzdem muss ich sie zählen. Ich rufe: ‚Milo? Toffee? Amy? Wo seid ihr?' Und obwohl ich mir sicher bin, dass sie alle da sind, kann ich nicht anders, als auf die Suche zu gehen.

Ich stelle mir vor, wie sie alle in ihren Ecken liegen und über mich lachen, während ich wie eine verrückte Katze mit einem Zähllied im Kopf durch die Wohnung tingle. Es ist fast so, als wollten sie sicherstellen, dass ich meine Scherze über die Katzenzählung nicht einfach ignoriere. Also ja, ich weiß, dass sie alle da sind – aber das Zählen ist einfach Teil meines Katzenmama-Rituals, und ich kann nicht anders, als es jedes Mal zu tun!"

# EINBLICK IN MEINE WELT - MEIN LEBEN ALS KATZENINFLUENCERIN

Sina: „Es gibt immer wieder neue Entwicklungen und Möglichkeiten in meinem Leben als Katzeninfluencerin, und ich könnte nicht glücklicher sein! Die Arbeit an diesem Buch war eine besonders spannende Zeit für mich, da es mir sehr am Herzen liegt und eine ganz neue Herausforderung ist. Ein Buch ist noch einmal etwas anderes, als Fotos und Videos für Social Media zu produzieren. Ich hoffe sehr, dass es dir gefällt und du sowohl lachen als auch etwas dazulernen kannst!"

Hugo: „Es ist so aufregend, dass meine Menschenmama, Sina, ein Buch schreibt! Meine fünf Katzenfreunde und ich fühlen uns geehrt, dass wir gemeinsam mit ihr Geschichten erzählen dürfen!"

Zoey: „Leute, es gibt doch aber noch viel mehr zu erzählen aus unserem, ähm, deinem Influencerleben. Oder, Sina?"

Sina: „Ja, so ist es. Zum Beispiel arbeite ich auch mit einer Firma zusammen, die mit mir gemeinsam Produkte herstellt. Davon gibt es nur eine Limited Edition, aber diese Zusammenarbeit ist ein faszinierendes Projekt, und ich bin neugierig, wie sich solche Kooperationen in Zukunft weiterentwickeln werden."

Amy: „Sina, vergiss nicht zu erzählen, dass du auch schon beim Fernsehen warst!"

Sina: „Stimmt – in der Vergangenheit hatte ich die Gelegenheit, bei verschiedenen Fernsehsendern wie RTL und bei der Sendung Galileo zu sein. Diese Erfahrungen waren sehr beeindruckend und haben mir einen tiefen Einblick in die Medienwelt gegeben, auch wenn es schon eine Weile her ist. Kürzlich war eine Produktionsfirma bei mir, um Material für einen bestimmten Sender aufzunehmen. Es war toll zu beobachten, wie viel Arbeit in einem kurzen Beitrag steckt. Manchmal werden sechs Stunden gefilmt, und am Ende bleibt nur ein drei Minuten langer Clip übrig. Diese Erfahrung hat mir nochmals vor Augen geführt, wie viel Aufwand in der Medienproduktion steckt. Das merke ich auch bei meinen eigenen Videos. Manchmal steckt dahinter so viel Arbeit und am Ende ist es nur ein kleiner Clip, den ich dann in den sozialen Netzwerken verteile. Auch hier sei noch einmal erwähnt, dass ich meine Katzen nie zu etwas zwinge. Wenn sie keine Lust haben, müssen sie nicht mitmachen.

Toffee: „Hast du nicht auch schon mit Fressnapf, unserem tollen Futterladen, gearbeitet?"

Sina: „Ja, das stimmt tatsächlich auch. Danke, dass du mich daran erinnerst. Ein weiteres Highlight war der Werbedreh mit Fressnapf, bei dem ich zusammen mit einem anderen Influencer die Hauptrolle spielte. Solche Erlebnisse tragen dazu bei, dass ich mich ständig weiterentwickele und meine Fähigkeiten erweitere. Im Moment freue ich mich aber besonders auf die Veröffentlichung meines Buches!"

Simba: „Ja, das tun wir alle. Aber jetzt erzähl den Lesern erstmal, wie der Alltag einer Katzeninfluencerin aussieht!"

Sina: „Okay, meine kleinen Monster. Wird gemacht."

## Routine – nur anders als gewöhnlich

Katzeninfluencerin ist kein Job, der zu einer bestimmten Zeit beginnt, und einen Feierabend gibt es auch nicht wirklich. Es ist eher eine Rund-um-die-Uhr-Berufung oder ein Lebensstil.

Als Katzeninfluencerin beginnt mein Alltag gleich früh am Morgen, und meine sechs Samtpfoten stehen dabei immer an erster Stelle. Bevor ich selbst frühstücke, sorge ich dafür, dass sie ihr Futter bekommen. Die Näpfe wasche ich jeden Tag mindestens zweimal – eine Aufgabe, die viel Zeit in Anspruch nimmt, aber für mich selbstverständlich ist. Bei der Fütterung stelle ich sicher, dass jede Katze das bekommt, was sie braucht. Bei einigen, wie Simba und Milo, gibt es auch spezielle Medikamente oder Diäten zu berücksichtigen, was das Füttern noch etwas komplizierter macht. Es ist ganz normal für mich, meine Katzen wie Familienmitglieder zu behandeln, und ich investiere viel Zeit in ihre Pflege.

Während ich ihre morgendliche Routine erledige, werfe ich oft schon einen Blick auf die ersten Nachrichten meiner Community. Die Interaktion mit meinen Followern ist mir wichtig, auch wenn es manchmal überwältigend ist. Ich versuche, so viele Nachrichten wie möglich zu lesen und darauf zu antworten, doch manchmal sind die Fragen so spezifisch, dass ich den Leuten raten muss, ihren Tierarzt zu konsultieren.

## Planung und Content Creation – was keiner sieht

Nachdem ich die Katzen versorgt habe, kümmere ich mich um mein Frühstück und plane meinen Tag. Dabei gehe ich meine To-do-Liste durch und überlege, welche Videos ich für meine Kooperationspartner und welche Inhalte ich für meine Community erstellen möchte. Viele denken, dass die Content-Produktion einfach sei, aber ich arbeite deutlich mehr als in meinem vorherigen 40-Stunden-Job. An manchen Tagen verbringe ich bis zu elf Stunden vor dem Bildschirm, wobei ich auch am Laptop arbeite.

Mit sechs Katzen muss ich auch regelmäßig das Katzenzimmer sauber halten. Es ist erstaunlich, wie viele Haare sie verlieren, besonders meine Britisch-Kurzhaar-Katzen. Viele denken, diese Rasse haart wenig, aber ich kann das Gegenteil bestätigen! Daher widme ich einen Teil meines Morgens der Reinigung, um die Umgebung für meine Katzen angenehm zu gestalten. Manchmal filme ich auch, wie ich die Katzen bürste. Dabei ist es mir wichtig, sie behutsam und ohne Stress zu behandeln. Wenn ich merke, dass eine Katze die Bürste nicht mag, höre ich sofort auf und respektiere ihre Grenzen.

Im Laufe des Vormittags beginne ich mit dem Drehen von Videos und der Erstellung von Inhalten. Der Prozess ist langwierig und anspruchsvoll – viele Menschen sehen nur das Endprodukt, ohne zu wissen, dass die Vorbereitungen Stunden in Anspruch nehmen. Ich packe meine Katzen und das Equipment, dann fahre ich oft zu Locations, wo ich die perfekten Bilder schießen möchte – denn nur zu Hause wäre es auf Dauer langweilig. Katzen sind jedoch keine perfekten Models, und das Fotografieren kann eine echte Herausforderung sein. Oft ist es nicht einfach, sie dazu zu bringen, in die Kamera zu schauen oder sich so zu verhalten, wie ich es mir wünsche. Ich habe häufig erlebt, dass schöne Aufnahmen viel Geduld erfordern, und das kann frustrierend sein.

## Kreative Fotoideen mit Katzen

*Das Fotografieren von Katzen ist eine wunderbare Möglichkeit, ihre Persönlichkeit einzufangen – von neugierig bis verspielt, von sanft bis wild. Mit ein wenig Geduld und Feingefühl entstehen Bilder, die mehr sind als nur süß: kleine Porträts mit Charakter.*

**Die Kunst, Katzen sanft zu motivieren**

Katzen sind eigenständige Wesen – sie tun nichts, nur um zu gefallen. Deshalb ist es wichtig, ihre Bereitschaft zur Zusammenarbeit zu respektieren. Wer sie zu etwas zwingt, erreicht meist das Gegenteil: Rückzug oder Misstrauen.

**Besser:** Ihre natürliche Neugier nutzen, positive Anreize setzen und ihnen Entscheidungsfreiheit lassen. Mit Geduld und Fingerspitzengefühl klappt es dann oft überraschend gut. Hier einige bewährte Ansätze:

① **Eine entspannte Atmosphäre schaffen**

Katzen reagieren empfindlich auf Geräusche und Unruhe. Schaffe also eine ruhige Umgebung ohne laute Musik, hektische Bewegungen oder fremde Gerüche. Wenn sich deine Katze sicher fühlt, wird sie offener für Neues sein.

② **Lieblingsspielzeug einsetzen**

Ein vertrautes Spielzeug kann Wunder wirken. Ob Katzenangel oder Stoffmaus – wenn du es geschickt in Szene setzt, folgt die Katze oft ganz von selbst. Ideal für Schnappschüsse in Bewegung oder um ihre Aufmerksamkeit zur Kamera zu lenken.

③ **Leckerlis gezielt nutzen**

Ein Leckerli zur richtigen Zeit kann die perfekte Motivation sein. Platziere es so, dass die Katze sich in Position begibt, ohne sich bedrängt zu fühlen. Nähe zur Kamera oder dem gewünschten Hintergrund hilft bei der Bildkomposition.

④ **Der Katze Zeit lassen**

Erwarte keine spontane Kooperation. Gib ihr die Möglichkeit, sich dem Geschehen selbst zu nähern. Manchmal braucht es ein paar Minuten, manchmal mehrere Versuche – das ist völlig normal.

⑤ **Kein Druck, kein Zwang**

Wenn deine Katze sich abwendet, brich ab. Zwang führt nur zu Frust – auf beiden Seiten. Wiederhole die Situation lieber später, unter anderen Bedingungen.

⑥ **Ruhige Stimme einsetzen**

Sanftes Sprechen wirkt oft beruhigend. Deine Katze erkennt deinen Tonfall – vermeide hektische oder hohe Stimmen und bleib freundlich und leise.

⑦ **Geduld ist alles**

Katzen nähern sich Neuem in ihrem Tempo. Mit Geduld und Respekt wächst das Vertrauen – und damit die Bereitschaft, mitzumachen. Wer öfter übt, wird mit immer besseren Ergebnissen belohnt.

**Merke:** *Katzen lassen sich nicht dirigieren, aber inspirieren. Motivation durch Freude, nicht durch Kontrolle – das ist der Schlüssel zu authentischen, entspannten Fotos.*

Bevor ich mit dem Filmen beginne, richte ich mein Kameraequipment ein, stelle das Stativ auf und überlege, welches Video ich zuerst drehen möchte. Der gesamte Prozess ist sehr zeitaufwendig. Oft habe ich zwischendrin noch Video-Calls oder andere Telefonate mit Firmen, um Details zu Kooperationen und Produktneuheiten zu besprechen. Das ist ein wichtiger Teil meines Jobs, der ebenfalls viel Zeit in Anspruch nimmt.

Ich bin auf Plattformen wie YouTube, TikTok und Instagram aktiv. YouTube ist für mich eine Herausforderung, weil die Videos viel Zeit in Anspruch nehmen und viel länger sind. Ich habe teils jemanden, der meine Videos schneidet, denn es ist einfach sehr mühsam. Das ist ein ganz anderer Aufwand im Vergleich zu den kurzen Videos, die ich für TikTok und Instagram mache. Dort veröffentliche ich Videos, die meistens 60 Sekunden lang sind.

Es ist eine Herausforderung, alle Plattformen gleichzeitig zu bespielen. Obwohl ich auf TikTok mehr Follower habe, ist Instagram für mich die Hauptquelle für Kooperationen. Dort habe ich einen intensiveren Austausch mit meinen Followern. Manchmal poste ich dasselbe Video auf beiden Plattformen, aber die Reaktionen können stark variieren – ein Video kann auf TikTok eine Million Aufrufe haben, während es auf Instagram nur 50.000 erreicht.

Vor allem der kreative Prozess kann ziemlich herausfordernd sein. Man macht sich viele Gedanken darüber, was man posten möchte und wie man die Inhalte ansprechend gestaltet. Ich habe oft 20 Ideen am Tag, setze aber meistens nur eine davon um – es ist eben einfach zeitaufwendig und kompliziert.

Auch die Interaktion mit meinen Followern ist mir sehr wichtig. Ich versuche, so viele Nachrichten wie möglich zu beantworten, aber manchmal kommen einfach zu viele, und ich kann nicht alles schaffen. Deshalb nehme ich mir oft abends noch Zeit, um ein paar Nachrichten nachzuholen. Es ist nicht immer einfach, aber ich liebe es, mit meiner Community in Kontakt zu bleiben! Es ist sogar entspannend, den Tag mit lieben Nachrichten ausklingen zu lassen. Oft genieße ich es, die liebevollen Rückmeldungen meiner Follower zu lesen oder auf Fragen zu Produkten zu antworten, die sie über mich bestellt haben.

Aber das Schönste an meiner Arbeit ist, dass ich auch mal einen Tag haben kann, an dem ich einfach in meinem Schlafanzug chille, ohne mich um mein äußeres Erscheinungsbild kümmern zu müssen. Schließlich geht es in erster Linie um meine Katzen – und um den Spaß, den ich dabei habe.

Mein Profil ist nicht das typische „Influencer-Profil". Es besteht hauptsächlich aus Katzencontent, und mein Alltag dreht sich die ganze Zeit um meine Katzen, was mich unglaublich glücklich macht. Es ist mein Traumjob, mit meinen Katzen zu arbeiten. Und in meinem Leben heißt es immer: erst die Katzen, dann ich. Jede Katzenmama oder jeder Katzenpapa kann sicher nachvollziehen, dass die Katzen wie eigene Kinder sind.

## Herausforderungen des Influencerlebens

Die größte Herausforderung in meiner Arbeit ist definitiv die Zusammenarbeit mit meinen Katzen. Manchmal haben sie einfach keine Lust, und das muss ich akzeptieren. Das kann wirklich schwierig sein, vor allem, wenn ich einen bestimmten Content im Kopf habe und sie einfach nicht mitspielen wollen. Es ist nicht so einfach, alles zu koordinieren – ich muss immer am Handy sein, um Updates zu posten und den Algorithmus im Blick zu behalten. Wenn ich mal nicht poste, bringt das alles durcheinander.

Es ist ein ständiger Balanceakt. Ich arbeite praktisch immer, und manchmal fehlt mir einfach die Motivation, da der Druck auch auf meine Stimmung schlägt. Mindestens neun Stunden am Tag verbringe ich immer vor dem Bildschirm, ob mit meinem Handy oder Laptop. Ich muss mir ständig Gedanken darüber machen, was ich posten kann und was bei meinen Followern gut ankommt. Es ist ein echter Kreislauf.

Aber ich liebe meine Arbeit. Und ich empfehle nur Produkte, hinter denen ich auch wirklich stehe. Alles andere könnte ich nicht vertreten. Unseriöse Anfragen lehne ich sofort ab, und Futter mit schlechter Qualität kommt für mich nicht in Frage. Die Gesundheit meiner Katzen hat für mich oberste Priorität, und das möchte ich auch an meine Follower weitergeben.

Wer sich eine Katze anschaffen möchte, dem rate ich immer: Wichtig ist, sich bewusst zu machen, dass Katzen viel Dreck machen. Sie brechen eben auch manchmal, und da muss man bereit sein, viel zu putzen. Das zeige ich auch in meinen Beiträgen, damit andere Katzenbesitzer sehen, dass das ganz normal ist und man die Katze deswegen nicht direkt ins Tierheim geben sollte. Auch der Haarausfall ist normal, und das sollte man sich von Anfang an bewusst machen, wenn man sich für ein Leben mit Katzen entscheidet.

## Umgang mit negativen Kommentaren in der Community

Ich bin nicht so sensibel, aber als Influencer mit Tieren muss man echt stark sein. Es gibt immer jemanden, der meckern kann, und manchmal kommen richtig böse Kommentare, die auch unter die Gürtellinie gehen. Für mich geht das meistens rein und wieder raus. Manchmal antworte ich mit einem bösen Kommentar zurück, aber meist ignoriere ich das einfach. Oftmals sind die Menschen neidisch und wollen einfach Ärger machen.

Die meisten meiner Follower sind echte Tierliebhaber, und ich habe auch viele Kooperationspartner. Aber dann gibt es diese Gruppen von Personen, die sich zusammen überlegen, wie sie gegen mich stänkern können. Sie haben sogar Kooperationspartner kontaktiert und behauptet, ich würde meine Katzen quälen und ihnen Drogen oder Beruhigungsmittel geben. Es ist absurd, aber wahrscheinlich waren sie neidisch, weil sich meine Katzen so toll fotografieren lassen, während es mit ihren eigenen nicht so funktioniert hat.

Meine Mama hat in dieser Zeit sehr stark mit mir gelitten, manchmal wahrscheinlich sogar mehr als ich, da ich selbst doch ganz gut über solch ein Verhalten hinwegsehen kann.

Manchmal konnte ich sogar drüber lachen. Es ist doch interessant, dass sich diese Leute so viel Zeit nehmen, meine Videos zu schauen, um dann so etwas zu veranstalten. Man muss einfach lernen, über den Dingen zu stehen, wenn man einen solchen Job machen möchte. Denn am Ende zählt, dass ich meine Katzen liebe und alles dafür tue, dass es ihnen gut geht.

## So ist es als Selbstständige

Ich liebe meine Selbstständigkeit, auch wenn sie viel Einsatz von mir fordert. Alles, was ansteht – sei es E-Mails, Rechnungen oder Partnerschaften – mache ich eigenständig. Obwohl ich täglich Anfragen von Managern erhalte, schätze ich es, meine Projekte selbst zu gestalten. Da ich kein Management habe, plane ich feste Zeiten, um Rechnungen zu schreiben und mit meinen Partnern zu kommunizieren. Der direkte Kontakt ist mir lieber, weil ich so auf Augenhöhe über alles sprechen kann – das macht die Zusammenarbeit persönlicher. Es gibt mir die Freiheit, die Kontrolle über alles zu behalten, was mir sehr wichtig ist. Aktuell habe ich die Zeit, mich intensiv um jede Aufgabe zu kümmern, und das bedeutet mir viel.

Natürlich ist der organisatorische Teil oft anspruchsvoll. Zum Glück hilft mir meine Mama bei der Ablage, denn die Masse an Unterlagen kann manchmal überwältigend sein. Mit der Zeit habe ich aber viel über die verschiedenen Facetten der Selbstständigkeit gelernt. Auch wenn es anfangs herausfordernd war, genieße ich die Unabhängigkeit, die damit einhergeht. Es erfordert ständige Anpassung, aber die Freiheit, mein eigenes Ding zu machen, ist unbezahlbar.

Ein weiterer wichtiger Teil meiner Arbeit sind die vielen Veranstaltungen und Messen, die ich besuche. Diese Gelegenheiten nutze ich, um neue Kontakte zu knüpfen, spannende Produkte kennenzulernen und mich mit anderen Katzenliebhabern auszutauschen. Egal ob Tiermessen oder Produktlaunches – jede Veranstaltung bereichert mein Netzwerk und liefert wertvolle Einblicke in die Branche. Oft bin ich den ganzen Tag unterwegs, aber die Begeisterung für meine Arbeit macht alles lohnenswert. Die Inspiration, die ich von diesen Events mitnehme, hilft mir dabei, meinen Content immer weiter zu verbessern.

Am Ende des Tages bin ich oft müde, aber selbst dann denke ich noch über die nächsten Aufgaben nach. Manchmal wird es auch stressig, besonders wenn eine meiner sechs Katzen krank ist und ich spontan zum Tierarzt muss. Es passiert immer etwas Unerwartetes, aber trotzdem kann ich mit Überzeugung sagen: Ich lebe meinen Traum.

# SCHLUSSWORT

An dieser Stelle wollen wir – also Sina und das gesamte sechsköpfige Katzenkollektiv – einfach mal Danke sagen. Dafür, dass du dieses Buch in die Hand genommen hast. Dafür, dass du mit uns gelacht, genickt, geschmunzelt oder auch mal tief durchgeatmet hast.

Wir hoffen, dass wir dir mit unseren Geschichten, Tipps und kleinen Lebensweisheiten nicht nur ein paar Aha-Momente schenken konnten, sondern auch ein bisschen Halt. Vielleicht war genau das dabei, was du gerade brauchtest. Oder einfach ein Gefühl von: „Ich bin nicht allein."

Uns – also Sina und den haarigen Mitautoren – ist es wichtig, die eigene Reichweite nicht einfach nur für schöne Bilder oder Videos zu nutzen, sondern für etwas, das bleibt: für ehrliche Worte, für Aufklärung, für all das, was wirklich zählt. Für Themen, die mehr Sichtbarkeit brauchen – liebevoll, direkt und mit einem Augenzwinkern. Und das am besten mit einem kleinen Schnurren im Hintergrund.

Wenn du also etwas aus diesem Buch mitnehmen konntest – sei es ein Gedanke, ein Lächeln oder einfach ein warmes Gefühl – dann freuen wir uns wie verrückt. Und vielleicht denkst du beim nächsten stubenunreinen Abenteuer, bei einer nächtlichen Krallenmassage oder beim philosophischen Blick deiner Katze daran, dass wir alle manchmal einfach nur verstanden werden wollen.

In diesem Sinne: Danke fürs Dabeisein. Und bis bald – irgendwo zwischen Fell, Flausen und Futter.

**Deine Sina & die sechs Pfotenphilosophen**

# UNSER GESCHENK AN DICH

Supersüße digitale Postkarten von
Simba, Amy, Milo, Zoey, Toffee & Hugo zum Download.

Scanne dazu den QR-Code oder gebe die URL
(orbita-media.de/sina-bonus) in deinen Browser ein.

Trage dich danach mit deinem Namen und E-Mail ein und
du erhältst Zugang zu allem und noch mehr Boni :)

**Orbita Media** ist mehr als nur ein Verlag. Wir sind Wegbereiter, Trendsetter und Geschichtenerzähler. Unsere Bücher sind nicht nur physische Produkte. Sie sind Leitfäden fürs Leben, Quellen der Inspiration und Brücken zu neuen Ideen. Wir verstehen es, Bücher zu kreieren, die nicht nur gelesen, sondern erlebt werden.

Unser Katalog ist ein Universum des Wissens und der Inspiration. Von Persönlichkeitsentwicklung über Psychologie, von Kindererziehung bis zu Finanzen, von Gesundheit & Fitness bis hin zu Kochkunst und Kinderliteratur – wir bieten ein breit gefächertes Angebot, das jeden Lesegeschmack trifft.

**@ORBITAMEDIA_VERLAG**

**Impressum**
1. Auflage 2025

Ericusspitze 4
D - 20457 Hamburg

ISBN: 978-3-98935-305-3

Dieses Buch ist auch als E-Book und Hörbuch erhältlich.


| | |
|---|---|
| Projektleitung: | Stephanie Weichhold, Noah Malik, Stefan Schott |
| Lektorat: | Inga Kristin Rickert |
| Umschlaggestaltung: | Denise Gahn |
| Buchsatz: | Holger Brandt Mediendesign |
| Printed in: | European Union |
| Bildnachweise: | Florence Baumeister, Sina Pollok |

**Dir hat das Buch gefallen?** Wir freuen uns sehr über dein Feedback auf Amazon oder Thalia.

**Du hast Anregungen oder Verbesserungsvorschläge?**
Schreibe uns eine E-Mail an feedback@orbita-media.de

Entdecke Orbita Media, den Verlag, der Geschichten und Wissen lebendig werden lässt.

**www.orbita-media.de**

# NOTIZEN